Leyes y Reglamentos para Peritos Electricistas.

Folleto Gratis de las enmiendas posteriores
en **www.LexJurisBooks.com**

LexJuris de Puerto Rico
Publicaciones CD
PO Box 3185
Bayamón, P.R. 00960-3185
Teléfono: (787) 269-6435/ 6475
Email: Ayuda@LexJuris.com
Tiendita: www.LexJurisStore.com
ISBN: 9798549226579

Leyes y Reglamentos para Peritos Electricistas.

Copyrights ©1996-Presente LexJuris®.
Esta publicación es propiedad de LexJuris de Puerto Rico, Inc./ Publicaciones CD. Tiene todos los derechos de propiedad intelectual sobre el diseño y contenido. Está prohibida la reproducción total o parcial en forma alguna sin el permiso escrito de LexJuris de Puerto Rico o Publicaciones CD.

Editora: **LexJuris de Puerto Rico**
Diseño y Contenido: **Publicaciones CD**
Preparado por: **Lcdo. Juan M. Díaz**

Hecho en Puerto Rico
Enero, 2025

Leyes y Reglamentos para Peritos Electricistas.

Folleto gratis de las enmiendas posteriores
en www.LexJurisBooks.com

LexJuris de Puerto Rico
PO BOX 3185
Bayamón, P.R. 00960
Tels. (787) 269-6475 / 6435
Fax. (787) 740-4151
Email: **Ayuda@LexJuris.com**
Website: **www.LexJuris.com**
Tiendita: **www.LexJuris-Store.com**
Actualizaciones: **www.LexJurisBooks.com**

LexJuris de Puerto Rico
Publicaciones CD.
Derechos Reservados © 1996-Presente

Leyes y Reglamentos para Peritos Electricistas.

Tabla de Contenido

Ley Para Crear la Junta Examinadora de Peritos Electricistas 1
- Art. 1. Creación. (20 L.P.R.A. sec. 2701) 1
- Art. 2. Definiciones. (20 L.P.R.A. sec. 2702) 1
- Art. 3. Organización. (20 L.P.R.A. sec. 2703) 2
- Art. 4. Destitución y vacantes. (20 L.P.R.A. sec. 2704) 2
- Art. 5. Deberes y facultades. (20 L.P.R.A. sec. 2705) 3
- Art. 6. Quórum. (20 L.P.R.A. sec. 2706) 4
- Art. 7. Dietas y millaje. (20 L.P.R.A. sec. 2706a) 4
- Art. 8. Licencias y requisitos. (20 L.P.R.A. sec. 2707) 4
- Art. 9. Examen de perito electricista. (20 L.P.R.A. sec. 2709) 8
- Art. 10. Capacidad o aptitud de los aspirantes. (20 L.P.R.A. sec. 2709) 8
- Art. 11. Reciprocidad sobre concesión de licencia. (20 L.P.R.A. sec. 2710) 8
- Art. 12. Máximo número de aprendices y ayudantes. (20 L.P.R.A. sec. 2712) . 8
- Art. 13. Personas exceptuadas. (20 L.P.R.A. sec. 2712) 9
- Art. 14. Quejas, investigación; procedimiento. (20 L.P.R.A. sec. 2713) 9
- Art. 15. Denegación de concesión de licencia. (20 L.P.R.A. sec. 2714) 10
- Art. 16. Suspensión, revocación o denegación de licencia. (20 L.P.R.A. sec. 2715) 10
- Art. 17. Citaciones. (20 L.P.R.A. sec. 2716) 12
- Art. 18. Cumplimiento de disposiciones, personas responsables. (20 L.P.R.A. sec. 2717) 12
- Art. 19. Entrada en edificios autorizada. (20 L.P.R.A. sec. 2718) 12
- Art. 20. Licencia requerida. (20 L.P.R.A. sec. 2719) 13
- Art. 21. Transferencia de propiedades, archivos, etc. (20 L.P.R.A. sec. 2720) 13
- Art. 22. Trámite de procedimientos. (20 L.P.R.A. sec. 2721) 13
- Art. 23. Instalaciones eléctricas autorizadas; penalidades. (20 L.P.R.A. sec. 2722) 13

Ley para crear Colegio de Peritos Electricistas 17
- Art. 1. Reconocimiento del Colegio. (20 L.P.R.A. sec. 2011) 17
- Art. 2. Poderes y deberes. (20 L.P.R.A. sec. 2012) 17

Art. 3. Membresía. (20 L.P.R.A. sec. 2013) 19
Art. 4. Organización Interna. (20 L.P.R.A. sec. 2014) 19
Art. 5. Reglamento. (20 L.P.R.A. sec. 2015) 20
Art. 6. Cuota anual. (20 L.P.R.A. sec. 2016) 21
Art. 7. Programa de Educación Continua. (20 L.P.R.A. sec. 2016-a) 21
Art. 8. Suspensión. (20 L.P.R.A. sec. 2017) 21
Art. 9. Estampilla del Colegio - Fijación. (20 L.P.R.A. sec. 2018) 22
Art. 10. Venta. (20 L.P.R.A. sec. 2019) 24
Art. 11. [Referéndum.] 24
Art. 12. [Resultado.] 24
Art. 14. Penalidades. (20 L.P.R.A. sec. 2020) 25
Art. 15. - Sistema de Inspectores. (20 L.P.R.A. sec. 2021) 27
Art. 16. - Vigencia. 27

Ley de División de Juntas Examinadoras. 27
Art. 1. Adscripción al Departamento de Estado. (20 L.P.R.A. sec. 10) 27
Art. 2. Secretario Ejecutivo. (20 L.P.R.A. sec. 11) 28
Art. 3. Secretario Ejecutivo - Deberes. (20 L.P.R.A. sec. 12) 29
Art. 4. Reglamentos uniformes. (20 L.P.R.A. sec. 13) 29
Art. 5. Reglamentos Uniformes - Cobro de derechos. (20 L.P.R.A. sec. 14) .. 29
Art. 6. Cuenta especial. (20 L.P.R.A. sec. 15) 30
Art. 7. Evaluación de Certificados de Antecedentes Penales. (20 L.P.R.A. sec. 16) 30
Art. 8.- Prohibición a Delegar la Facultad de Reglamentar Requisitos de Educación Continua. (20 L.P.R.A. sec. 17) 30

Ley para la Administración de Exámenes de Reválida en el Estado Libre Asociado de Puerto Rico. 34
Artículo 1.-Título: (20 L.P.R.A. sec. 21 et seq.) 34
Artículo 2.-Reglamentación: (20 L.P.R.A. sec. 21) 34
Artículo 3.-Horario para la administración del examen: (20 L.P.R.A. sec. 22) 35
Artículo 4.-Cláusula de separabilidad: 36
Artículo 5.-Vigencia: 36

Ley para disponer que los aspirantes a tomar el examen de reválida de todas las profesiones que así lo requieran, tendrán oportunidades ilimitadas para tomar y aprobar los mismos. 37

Artículo 1.- [Oportunidad Ilimitada] (20 L.P.R.A. sec. 23-a) 37

Artículo 2.- [Requisitos y Condiciones] (20 L.P.R.A. sec. 23-b) 37

Artículo 3.- [Excepción] (20 L.P.R.A. sec. 23-c) 37

Artículo 4.- [Vigencia] 37

Ley del Profesional Combatiente. 38

Artículo 1.- Para crear la Ley que se conocerá como "Ley del Profesional Combatiente". (25 L.P.R.A. sec. 3011 et seq.) 38

Artículo 2.- Definiciones (25 L.P.R.A. sec. 3011) 38

Artículo 3.- [Requisitos de Formularios e informes] (25 L.P.R.A. sec. 3012a) 40

Artículo 4.- [Excepción] (25 L.P.R.A. sec. 3012b) 41

Artículo 5.- [Excepción] (25 L.P.R.A. sec. 3012c) 41

Artículo 6.- [Exención de Educación Continua] (25 L.P.R.A. sec. 3013) 41

Artículo 7.- [Documentos como evidencia] (25 L.P.R.A. sec. 3014) 42

Artículo 8.- [Conflictos entre leyes] (25 L.P.R.A. sec. …) 42

Artículo 9.- [Reglamentación, Formularios e Informes] (25 L.P.R.A. 3015) .. 42

Artículo 10.- [Penalidad] (25 L.P.R.A. sec. 3016) 43

Artículo 11.- [Excepción] (25 L.P.R.A. sec. 3017) 43

Artículo 12.- [Cláusula de Salvedad] 43

Artículo 13.- [Vigencia] 44

Reg. 8455 Reglamento para el Funcionamiento de la Junta Examinadora de Peritos Electricistas. 45

Articulo I: Base Legal 45

Articulo II: Titulo 45

Articulo III: Definiciones 45

Articulo IV: Propósitos 47

Articulo V: Aplicabilidad 47

Articulo VI: Organización 47

Articulo VII: Deberes de la Junta 48

Articulo VIII: Deberes de los Miembros de la Junta 49

Articulo IX: Eleccion y Deberes del Presidente, Vicepresidente y Secretario. 50

Articulo X: Sesiones de la Junta 51

Articulo XI: Dietas y Millaje 52

Articulo XII: Quorum 52

Articulo XII: Solicitudes a Exámenes y Licencias...................................... 53

Articulo XIV: Regulaciones para los Examenes en las Categorias de Perito y Ayudante de Perito Electricista... 53

Articulo XV: Correción de Exámenes y Notificación................................. 55

Articulo XVI: Autorizacion para la Implementación de Sistema de Inspectores 55

Articulo XVII: Procedimiento para Recibir, Investigar Querellas por Parte de La Junta:... 57

Articulo XVIII. Vistas Administrativas: 58

Articulo XIX: Asuntos de Naturaleza General 59

Articulo XX: Enmiendas.. 61

Articulo XXI: Separabilidad 61

Articulo XXII: Derogación 61

Articulo XXIII: Anejos que Forman parte de este Reglamento 61

Reg. 8476 Reglamento de Educación Continua de la Junta Examinadora de Peritos Electricistas Adscrita al Departamento de Estado. 63

Capítulo I: Disposiciones Generales 63

Artículo 1. Base Legal 63

Artículo 2. Título 63

Artículo 3. Propósitos 63

Artículo 4. Definiciones... 64

Capítulo II: Educación Continua, Facultades y Limitaciones de la Junta Examinadora 67

Artículo 5. Facultades de la Junta 67

Artículo 6. Funciones... 67

Capítulo III: Acreditación de Educación Continua 68

Articulo 7. Curso Acreditable: Requisitos 68

Artículo 8. Guías Generales para la Aprobación de Cursos: Requisitos 69

Artículo 9. Cursos Ofrecidos Por Entidades Técnicas o Profesionales Privadas Con o Sin Fines de Lucro. Requisitos:.. 71

Artículo 10. Curso Ofrecido Por Entidades Profesionales Públicas: Requisitos 72

Articulo 11. Cómputo de Creditos 73

Articulo 12. Cursos Ofrecidos Mediante Mecanismo no Tradicionales de Enseñanza y Aprendizaje 73

Articulo 13. Requisito de Divulgación Efectiva 74

Capitulo IV: Proveedores 74

Articulos 14. Proveedor Certificado: Requisitos Básicos; Procedimiento 74

Articulo 15. Certificación Provisional de Proveedores 78

Articulo 16. Deberes del Proveedor Sobre Aprovechamiento Académico 78

Artículo 17. Recursos 79

Artículo 18. Actividades No Relacionadas con Educación Continua 79

Artículo 19. Deber de Proveer Acomodo Razonable 79

Artículo 20. Expedientes de los Cursos 79

Capítulo V: Procedimientos Ante la Junta 80

Artículo 21. Peticiones 80

Artículo 22. Evaluación; Determinación 80

Capítulo VI: Cumplimiento por Técnicos o Profesionales 81

Articulo 23. Mínimo de Horas Crédito 81

Articulo 24. Aviso de Incumplimiento 81

Articulo 25. Cumplimiento Tardío 81

Artículo 26. Incumplimiento; Citación 82

Artículo 27. Vista Informal Ante la Junta 82

Capítulo VII: Mecanismos Alternos de Cumplimieto y Otras Disposiciones 83

Artículo 28. Participación Como Recursos 83

Artículo 29. Publicación de Obras de Contenido para la Profesión u Oficio ... 83

Artículo 30. Estudios de Maestría y Doctorado 83

Artículo 31. Notificaciones de la Junta; Modos de Realizarlas 83

Articulo 32. Situaciones No Previstas 85

Artículo 33. Reconsideración de las Decisiones de la Junta 85

Artículo 34. Revisión Administrativa 86

Articulo 35. Disposiciones Para Licenciados Inactivos 86

Artículo 36. Aprobación del Reglamento Especifico de la Educación Continua de la Junta Examinadora de Peritos Electricistas 86

Artículo 37. Enmiendas... 87

Artículo 38. Separabilidad 87

Articulo 39. Derogaciones 88

Artículo 40. Vigencia.. 88

Reg. 8644 Reglamento Uniforme de las Juntas Examinadoras Adscritas al Departamento de Estado del Estado Libre Asociado de Puerto Rico [RUJEDEPR].. 89

Capítulo I - Disposiciones Generales 90

Artículo 1.1 - Título 90

Artículo 1.2 - Base Legal 90

Artículo 1.3 - Propósito... 92

Artículo 1.4 - Alcance y Apoyo del Departamento de Estado 93

Artículo 1.5 - Definiciones... 94

Capítulo 2 - Composición y Funcionan1iento de las Juntas 103

Artículo 2.1 - Composición de las juntas 103

Artículo 2.2 Vacantes.. 103

Artículo 2.3 Dietas 104

Artículo 2.4 Viajes 104

Artículo 2.5 - Reuniones de la Juntas.. 107

Artículo 2.6 - Estructura y funcionamiento interno de las Juntas 108

Artículo 2.7 -Facultades, funciones y deberes de las Juntas y sus miembros 108

Artículo 2.8 - Sesiones Extraordinarias 114

Artículo 2.9 - Convocatorias.. 115

Artículo 2.10 - Quórum 115

Artículo 2.11 - Actas.. 115

Artículo 2.12 .Comités 115

Artículo 2.13 - Registros y Récords de las juntas 116

Capítulo 3 - Disposiciones sobre los Exámenes de Reválida 117

I. Parte General sobre los Exámenes 117

Artículo 3.0 - Aplicabilidad 117

Artículo 3.1 - Propósito.. 117

Artículo 3.2 - Orientación al aspirante 117

Artículo 3.3 - Formato y técnicas de las preguntas 118

Artículo 3.4 Puntuación Mínima para aprobar 118

Artículo 3.5 Pago de derechos 118

Artículo 3.6 - Convocatorias a Exámenes 118

Artículo 3.7 - Solicitud 119

Artículo 3.8 - Certificación 119

Artículo 3.9 - Obligación continua de informar 119

Artículo 3.10 - Prohibición; cursos de preparaci6n, trámite de solicitud o revisión 120

Artículo 3.11 - Prohibición; relación de parentesco por afinidad o consanguinidad 120

Artículo 3.12 - Confidencialidad 120

Artículo 3.13 -Documentos Confidenciales 120

Artículo 3.14 - Conducta Prohibida 121

Artículo 3.15 - Violación a la seguridad del examen 121

Artículo 3.16 -Violación a las normas de administración 121

Artículo 3.17 -Violación al proceso de acreditación 122

Artículo 3.18 -Comunicación con miembros de las Juntas o entidad administradora 122

II. Derechos de los Aspirantes que no Aprueben el Examen 122

Artículo 3.19 -Solicitud de revisión 122

Artículo 3.20 -Preguntas de selección múltiple 122

Artículo 3.21 -Consideración de la solicitud de revisión 122

Artículo 3.22 -Solicitud de reconsideración 123

III. Informes 123

Artículo 3.23 -Informe sobre los resultados de revälidas 123

Artículo 3.24 -Notificación 123

Artículo 3.25 -Disposición de libretas y exámenes 123

Artículo 3.26 -Exámenes de reválida preparados por Concilios 123

Artículo 3.27 -Idioma 123

Artículo 3.28 -Penalidades 123

IV. Acomodo Razonable para los exámenes de reválida 124

Artículo 3.29 -Propósito 124

Artículo 3.30 -Tipos de solicitudes para los aspirantes que requieran acomodo razonable 124

Capítulo 4 -Disposiciones Sobre Procedimiento Administrativo para la Obtención de La Licencia. 128

Artículo 4.1 -Propósito.. 128

Artículo 4.2 -Términos.. 128

Artículo 4.3 -Presentación... 129

Artículo 4.4 -Proceso de Presentación 129

Artículo 4.5 -Devolución de Documentos 130

Artículo 4.6 -Impugnación de Requisitos de Presentación 130

Artículo 4.7 -Notificaciones.. 130

Artículo 4.8 –Procedimiento Adjudicativo 130

Capítulo 5 -Disposiciones Sobre la Educación Continua 131

Artículo 5.0 -Aplicabilidad 131

Artículo 5.1 -Facultades de las Juntas.. 131

Artículo 5.2 -Funciones.. 131

Artículo 5.3 - Acreditación de Educación Continua 132

Artículo 5.4 -Guías generales para la aprobación de cursos. 133

Requisitos:... 133

Artículo 5.5 -Cursos ofrecidos por entidades técnicas o profesionales privadas con o sin fines de lucro: Requisitos.. 135

Artículo 5.6 -Cursos ofrecidos por Entidades Profesionales Públicas: Requisitos.. 136

Artículo 5.7 -Cómputo de Créditos 137

Artículo 5.B. -Cursos ofrecidos mediante mecanismos no tradicionales de enseñanza y aprendizaje... 137

Artículo 5.9 -Requisito de divulgación efectiva.. 138

Articulo 5.10 -Proveedores 138

Artículo 5.11 -Certificación Provisional de Proveedores....................... 142

Artículo 5.12 -Deberes del proveedor sobre aprovechamiento académico 142

Artículo 5.13 -Recursos 143

Artículo 5.14 -Actividades no relacionadas con educación continua..... 143

Artículo 5.15 -Deber de proveer acomodo razonable 143

Articulo 5.16 -Expedientes de los cursos 143

Artículo 5.17 -Procedimientos ante cada junta 144
Artículo 5.18 -Evaluación; Determinación 144
Artículo 5. 19 -Cumplimiento por técnicos o profesionales 145
Artículo 5.20 -Aviso de Incumplimiento 145
Artículo 5.21 - Cumplimiento Tardío 145
Artículo 5.22 - Incumplimiento; Citación 146
Artículo 5.23 -Vista Informal ante cada junta 146
Artículo 5.24 - Mecanismos alternos de cumplimiento y otras disposiciones 146
Artículo 5.25 -Publicación de obras de contenido para cada profesión u oficio 147
Artículo 526 -Estudios de Maestría y Doctorado 147
Artículo 5.27 -Acreditación Retroactiva 147
Artículo 5.28 -Notificaciones de la junta; Modos de Realizarlas 148
Articulo 5.29 - Situaciones no previstas 149
Artículo 5.30 -Reconsideración de las decisiones de las juntas 149
Artículo 5.31 -Revisión administrativa 150
Artículo 5.32 -Disposiciones para licenciados inactivos 150
Artículo 5.33 -Aprobación del Reglamento específico de cada junta 150

Capítulo 6 - Procedimientos Adjudicativos e Investigativos 151

Título I. Disposiciones Generales 151

Artículo 6.1 - Propósito 151
Articulo 6.2 -Autoridad 151
Artículo 6.3 - Interpretación 152
Artículo 6.4 -Idioma 152
Artículo 6.5 -Jurisdicción 152
Articulo 6.6 -Asuntos excluidos 152

Título II: Procedimiento Adjudicativo 153

Artículo 6.7 -Solicitud de investigación y forma de iniciar una queja 153
Artículo 6.8 -Presentación de Quejas 153
Artículo 6.9 - Contenido de la Solicitud de Investigación o Queja 153
Artículo 6.10 -Evidencia 154
Articulo 6.11 -Representación legal 154
Artículo 6.12 -Evaluación y determinación de investigar 154

Artículo 6.13 -Determinación de no investigar 155
Artículo 6.14 -Confidencialidad de la investigación y el expediente correspondiente 155
Artículo 6.15 -Métodos de investigación 155
Artículo 6.16 -Negativa a contestar un requerimiento 156
Artículo 6.17 -Aviso de infracción 156
Título III: Fase Adjudicativa 156
Artículo 6.18 -Querella 156
Artículo 6.19 -Desistimiento. 157
Artículo 6.20 -Contestación a la Querella 158
Articulo 6.21 -Efecto de no contestar la querella 158
Artículo 6.22 -Enmiendas a las alegaciones y consolidación de Querellas o vistas 158
Artículo 6.23 -Oficial Examinador/a 158
Artículo 6.24 -Conducta y desempeño de los/las Oficiales Examinadoras/es 159
Artículo 6.25 -Inhibición o recusación del/la Oficial Examinador/a 160
Artículo 6.26 -Prohibición de comunicaciones *Ex-Parte* 160
Artículo 6.27 -Solicitud de intervención 160
Artículo 6.28 -Determinación en torno a la intervención 161
Artículo 6.29 -Descubrimiento de prueba 161
Artículo 6.30 -Deposiciones 162
Artículo 6.31 -Inferencia permisible 162
Artículo 6.32 -Incumplimiento con orden de descubrimiento de prueba .. 162
Artículo 6.33 -Conferencia con antelación a la vista 163
Artículo 6.34 -Conferencia preliminar entre abogadas/os 163
Artículo 6.35 -Oferta transaccional 163
Artículo 6.36 -Órdenes y resoluciones sumarias 164
Artículo 6.37 -Naturaleza de la vista adjudicativa 164
Artículo 6.38 -Notificación de vista adjudicativa 164
Artículo 6.39 -Citación de testigos 165
Artículo 6.40 -Récord de la vista 165
Artículo 6.41 -Procedimientos durante la vista 166
Artículo 6.42 -Rebeldía 166
Artículo 6.43 -Informe del/la Oficial Examinador/a 166

Artículo 6.44 -Resolución final 167
Artículo 6.45 -Remedios 167
Artículo 6.46 -Cumplimiento y ejecución 168
Artículo 6.47 -Reconsideración 168
Artículo 6.48 –Revisión Judicial 169
Artículo 6.49 -Efecto de una reconsideración o revisión 169
Título IV: Procedimiento Sumaría 169
Artículo 6.50 -Acción correctiva inmediata 169
Artículo 6.51-Requerimiento de información 170
Artículo 6.52 -Notificación 170
Articulo 6.53 -Solicitud de prórroga 170
Artículo 6.54 -Audiencia posterior 170
Artículo 6.55 -Disposición final del procedimiento sumario 170
Artículo 6.56 -Cumplimiento 171
Articulo 6.57 -Controversias y estados provisionales de derecho 171
Título V: Normas Aplicables a todas las etapas del proceso 171
Artículo 6.58 -Forma 171
Artículo 6.59 -Término para presentar oposición 171
Artículo 6.60 -Prórrogas y suspensiones 172
Artículo 6.61 -Solicitud de remedios extraordinarios 172
Artículo 6.62 -Disposición *Ex-Parte* 172
Artículo 6.63 -Notificación de representación legal 172
Artículo 6.64 -Notificación de escritos 172
Artículo 6.65 -Órdenes para mostrar causa 173
Artículo 6.66 -Examen de expedientes por las partes interesadas 173
Artículo 6.67 -Facultad para la publicación y difusión 173
Artículo 6.68 -Cómputo del término 173
Articulo 6.69 -Corrección de errores 173
Artículo 6.70 -Sanción económica 173
Artículo 6.71 -Desestimación y eliminación de alegaciones 174
Artículo 6.72 -Costas y honorarios de abogados/as 174
Capítulo 7 -Disposiciones sobre Medidas Disciplinarias y Sanciones 174
Artículo 7.1 -Facultad 174

Artículo 7.2 -Conductas prohibidas 175

Artículo 7.3 -Multas y Sanciones Administrativas 176

Articulo 7.4 -Obstrucción a Funciones de la Junta 177

Artículo 7.5 -Órdenes de Cesa y Desista 177

Artículo 7.6 -Procedimientos Investigativos y de Adjudicación................... 177

Artículo 7.7 -Notificación por parte de agencias reglamentarias sobre Violaciones a Ley o Reglamento. 177

Capítulo 8 -Derechos A Pagarse 178

Artículo 8.1 -Derechos A Pagarse... 178

Artículo 8.2 -Disposiciones adicionales sobre costos 184

Capítulo 9 -Disposiciones Generales Sobre Ética en las Juntas 185

Artículo 9.1 -Cánones de Ética de los Miembros de las Juntas 185

Artículo 9.2 -Cumplimiento de los Cánones... 188

Artículo 9.3 -Aplicación de los Cánones 188

Artículo 9.4 -Violación a los Cánones 188

Capítulo 10 - Otras Disposiciones 188

Articulo 10.1 -Procedimientos, Acciones o Reclamaciones 188

Artículo 10.2 -Vigencia... 189

Artículo 10.3 -Cláusula Derogatoria 189

Artículo 10.4 -Cláusula de Salvedad... 190

Artículo l0.5 -Cláusula de Separabilidad 190

Articulo 10.6 -Enmiendas 190

Artículo 10.7 -Reglamentos Internos de las juntas Examinadoras y su revisión 190

Artículo 10.8 -Vigencia y Aplicabilidad... 191

Leyes y Reglamentos para Peritos Electricistas.

Ley Para Crear la Junta Examinadora de Peritos Electricistas
Ley Núm. 115 de 2 de junio de 1976, según enmendada.

Art. 1. Creación. (20 L.P.R.A. sec. 2701)

Se crea la Junta Examinadora de Peritos Electricistas, en adelante denominada la Junta, adscrita a la División de Juntas Examinadoras del Departamento de Estado, con los deberes y facultades que más adelante se disponen.

(Junio 2, 1976, Núm. 115, art. 1, efectiva 60 días después de su aprobación.)

Art. 2. Definiciones. (20 L.P.R.A. sec. 2702)

Para los fines de esta ley, a los vocablos y frases que se exponen a continuación se les dará el significado y alcance que para cada uno se expresa:

(a) *Junta.* Significa la Junta Examinadora de Peritos Electricistas.

(b) *Perito electricista.* Significa una persona autorizada por la Junta Examinadora de Peritos Electricistas para ejercer la profesión, trabajar en instalaciones eléctricas y con materiales y equipos eléctricos de alto y bajo voltaje.

(c) *Ayudante de perito electricista.* Significa una persona diestra autorizada por la Junta Examinadora de Peritos Electricistas para trabajar bajo la supervisión de un perito electricista colegiado, ayudándolo y auxiliándole en su profesión.

(d) *Aprendiz de perito electricista.* Significa una persona no diestra autorizada por la Junta Examinadora de Peritos Electricistas para trabajar bajo la supervisión de un perito electricista colegiado ayudándolo y auxiliándole en su profesión.

(e) *Instalación eléctrica.* Significa la colocación de materiales, equipos o artefactos eléctricos realizada con el propósito de utilizar energía eléctrica.

(Junio 2, 1976, Núm. 115, art. 2, efectiva 60 días después de su aprobación; Enmendada en el 1980, Núm. 123; 1984, Núm. 46; 1992, Núm. 86)

Art. 3. Organización. (20 L.P.R.A. sec. 2703)

La Junta estará compuesta por nueve (9) peritos electricistas, debidamente autorizados por ley para ejercer la profesión, los cuales deberán ser miembros del Colegio de Peritos Electricistas de Puerto Rico. El gobernador del Estado Libre Asociado de Puerto Rico nombrará a dichos miembros. El término de miembro de la Junta será de cuatro (4) años o hasta que su sucesor sea nombrado y tome posesión de su cargo. Los miembros de la Junta deberán reunir los siguientes requisitos:

(1) Ser mayores de edad.

(2) Ser ciudadanos de los Estados Unidos de América.

(3) Haber ejercido la profesión de perito electricista por lo menos cinco (5) años antes de su nombramiento, con licencia como tal.

(4) No podrán ser miembros de la Junta los miembros de la Junta de Gobierno del Colegio de Peritos Electricistas de Puerto Rico, sus empleados, inspectores o los miembros de las comisiones permanentes o temporeras del Colegio de Peritos Electricistas de Puerto Rico. Tampoco podrán ser miembros de la Junta aquellos que sean dueños de escuelas privadas de electricidad o que sean accionistas o pertenezcan a la junta de directores o la junta de síndicos de un colegio o escuela privada donde se realicen estudios conducentes a obtener la licencia de perito electricista o ayudante de perito electricista. Esta disposición será de carácter prospectivo.

Los peritos electricistas que estén ocupando cargos como miembros de la actual Junta Examinadora de Peritos Electricistas a la fecha de aprobación de esta ley, y que no cumplan con el requisito dispuesto en el inciso (4) anterior, tendrán que renunciar a su cargo en la Junta Examinadora de Peritos Electricistas de Puerto Rico.

(Junio 2, 1976, Núm. 115, art. 3, efectiva 60 días después de su aprobación; Enmendada en el 1980, Núm. 123; 1984, Núm. 46; 1992, Núm. 86; Julio 30, 2016, Núm. 94, art. 22, enmienda el primer párrafo.)

Art. 4. Destitución y vacantes. (20 L.P.R.A. sec. 2704)

El Gobernador de Puerto Rico podrá destituir a cualquier Miembro de la Junta previa formulación de cargos, notificación y audiencia, por razones de inmoralidad, negligencia, haber sido convicto de un delito grave o menos grave que implique depravación moral, e incompetencia.

Las vacantes que surjan en la Junta serán cubiertas por nombramientos del Gobernador con el consejo y consentimiento del Senado. La persona designada para cubrir una vacante ocupará el cargo hasta haber expirado el término para el cual la persona que sustituyó fue nombrada.

(Junio 2, 1976, Núm. 115, art. 4, efectiva 60 días después de su aprobación; Enmendada en el 1980, Núm. 123; 1984, Núm. 46; Agosto 31, 2000, Núm. 273, art. 1.)

Art. 5. Deberes y facultades. (20 L.P.R.A. sec. 2705)

La Junta tendrá los siguientes deberes y facultades:

(a) Autorizará el ejercicio de la profesión de perito electricista, ayudante de perito electricista y aprendiz de perito electricista, mediante la concesión de licencia, a aquellas personas que reúnan los requisitos y condiciones que se fijan en esta ley.

(b) Llevará un registro oficial de las licencias expedidas y un libro de actas de las sesiones o reuniones que celebre.

(c) Seleccionará un Presidente de entre sus miembros.

(d) Adoptará un reglamento para su funcionamiento el cual deberá ser aprobado dentro del término de seis (6) meses desde la aprobación de esta ley.

(e) Examinará a aquellas personas que soliciten licencia y cualifiquen para ello de acuerdo a lo dispuesto en esta ley.

(f) Investigará las violaciones a esta ley a iniciativa propia o por querella formulada ante dicho organismo por persona perjudicada o por un perito electricista debidamente licenciado.

(g) Denegará, suspenderá o revocará licencias por las razones que se consignan en esta ley.

(h) Celebrará las reuniones y sesiones que sean necesarias para llevar a cabo sus funciones, previa convocatoria del Presidente o de cinco (5) de sus miembros.

(i) Someterá al Gobernador un informe anual de sus asuntos oficiales.

(k) Realizará cualquier gestión y tendrá cualquier otra facultad en adición a las consignadas que sea necesaria para cumplir con las disposiciones de esta ley.

(*l*) Podrá autorizar al Colegio de Peritos Electricistas de Puerto Rico, bajo las normas y reglas que la Junta especifique mediante reglamento, a que implemente la organización de un sistema de inspectores para velar por el cumplimiento de las disposiciones de esta ley.

(Junio 2, 1976, Núm. 115, art. 5, efectiva 60 días después de su aprobación; Enmendada en el 1980, Núm. 123; 1984, Núm. 46; 1992, Núm. 86)

Art. 6. Quórum. (20 L.P.R.A. sec. 2706)

Constituirá quórum de la Junta cinco (5) miembros de la misma y las decisiones se tomarán por mayoría de los asistentes.

(Junio 2, 1976, Núm. 115, art. 6, efectiva 60 días después de su aprobación; Enmendada en el 1980, Núm. 123)

Art. 7. Dietas y millaje. (20 L.P.R.A. sec. 2706a)

Cada Miembro de la Junta, incluso los empleados o funcionarios públicos, recibirán una dieta de cincuenta (50) dólares por cada día o porción del mismo en que asistan a reuniones o sesiones de la Junta, así como el reembolso de los gastos por concepto de viaje, de acuerdo con la reglamentación del Departamento de Hacienda que le sea aplicable. A partir del 1ro de enero de 1997, los Miembros de la Junta recibirán dietas equivalentes a la dieta mínima establecida en la sec. 29 del Título 2, de L.P.R.A. para los Miembros de la Asamblea Legislativa, salvo el Presidente de Junta, quien recibirá una dieta equivalente al ciento treinta y tres por ciento (133%) de la dieta que reciban los demás Miembros de la Junta y mientras el Presidente ejerza funciones inherentes a su cargo esté o no constituida la Junta, reciba el beneficio de dieta y gastos de viaje, todo ello conforme a la reglamentación vigente y al Reglamento de la Junta. El pago por concepto de dietas y millaje a que tiene derecho cada Miembro de la Junta será hasta un máximo de treinta y seis (36) reuniones por año.

(Junio 2, 1976, Núm. 115, efectiva 60 días después de su aprobación; Adicionado como art. 7 en el 1983, Núm. 4; enmendada en el 1995, Núm. 59; 1996, Núm. 147; Enero 4, 2000, Núm. 7, art. 19; Agosto 31, 2000, Núm. 273, art. 2.)

Art. 8. Licencias y requisitos. (20 L.P.R.A. sec. 2707)

(a) Toda persona que solicite un certificado de Aprendiz de Perito Electricista debe cumplir con los siguientes requisitos:

(1) Llenar y someter una solicitud a tales efectos ante la Junta, la cual proveerá los formularios apropiados de acuerdo con los requisitos que exija por reglamento la Junta.

(2) Haber cumplido dieciséis (16) años al momento de radicar su solicitud.

(3) Haber cursado hasta cuarto año de escuela superior y acreditar este hecho o haber aprobado el curso de aprendizaje de perito electricista ofrecido por el Departamento de Educación o institución privada debidamente acreditada por el Consejo de Educación Superior, certificado

ante la Junta por el perito electricista colegiado, en la forma en que ésta lo especifique mediante reglamento.

(4) Radicar con su solicitud un certificado médico, acreditando que se encuentra en buenas condiciones de salud física y mental para trabajar en proyectos de construcción y en aparatos y circuitos eléctricos y un "Certificado de Antecedentes Penales" expedido por la Policía de Puerto Rico, si es mayor de dieciocho años. Al evaluar dicho certificado, la Junta estará sujeta a lo establecido en el Artículo 7 de la Ley Núm. 41 de 5 de agosto de 1991, según enmendada.

(5) Acompañar con su solicitud los derechos que haya establecido el Departamento de Estado mediante reglamentación según lo dispone las [20 LPRA secs. 10 *et seq.*] de esta ley.

(6) Que haya ejercido como aprendiz de perito electricista durante un período de un año.

(b) Toda persona que aspira a una licencia de Ayudante de Perito Electricista deberá cumplir los siguientes requisitos:

(1) Llenar y someter una solicitud a tales efectos ante la Junta, la cual proveerá los formularios apropiados de acuerdo con los requisitos que exija por reglamento la Junta.

(2) Haber cumplido dieciocho (18) años al momento de radicar su solicitud.

(3) Haber aprobado cuarto año de escuela superior.

(4) Radicar con su solicitud un certificado médico, acreditando que se encuentra en buenas condiciones de salud física y mental para trabajar en proyectos de construcción y en aparatos y circuitos eléctricos y un "Certificado de Antecedentes Penales" expedido por la Policía de Puerto Rico. Al evaluar dicho certificado, la Junta estará sujeta a lo establecido en el Artículo 7 de la Ley Núm. 41 de 5 de agosto de 1991, según enmendada.

(5) Acompañar con su solicitud los derechos que haya establecido el Departamento de Estado mediante reglamentación según lo dispone las [20 LPRA secs. 10 *et seq.*] de esta ley.

(6) Aprobar un examen teórico que constará de las siguientes materias:

(a) Ley de Ohm.

(b) Conocimiento e identificación de materiales usados en las instalaciones eléctricas.

(c) Conocimiento de las leyes que regulan la profesión de perito electricista en Puerto Rico.

(7) La licencia expedida tendrá una vigencia de dos (2) años. No será renovable a menos que el interesado presente una solicitud de renovación, con al menos de treinta (30) días de anticipación a la fecha de vencimiento de la licencia original. No obstante, la Junta podrá conceder un período de gracia de ciento veinte (120) días para presentar una solicitud de renovación de una licencia de ayudante ya vencida, sujeto a que esta se presente dentro de los ciento veinte (120) días del vencimiento y a que el solicitante pague una penalidad de quince dólares ($15.00). Cualquier solicitud de renovación de licencia de ayudante, presentada después del periodo de gracia, será denegada por la Junta. Esta notificará la razón de la denegación y que, de interesar obtener nuevamente la licencia, deberá cumplir y completar todos los requisitos, como si estuviera solicitando por primera vez.

(c) Toda persona que aspire a la licencia de perito electricista deberá cumplir los siguientes requisitos:

(1) Llenar y someter una solicitud a tales efectos ante la Junta, la cual proveerá los blancos apropiados de acuerdo con los requisitos que exija por reglamento la Junta.

(2) Haber cumplido dieciocho (18) años al momento de radicar su solicitud.

(3) Haber aprobado cuarto año de escuela superior.

(4) Radicar con su solicitud un certificado médico, acreditando que se encuentra en buenas condiciones de salud física y mental para trabajar en proyectos de construcción y en aparatos y circuitos eléctricos y un "Certificado de Antecedentes Penales" expedido por la Policía de Puerto Rico. Al evaluar dicho certificado, la Junta estará sujeta a lo establecido en el Artículo 7 de la Ley Núm. 41 de 5 de agosto de 1991, según enmendada.

(5) Acompañar con su solicitud de licencia el pago de los derechos que haya establecido el Departamento de Estado mediante reglamentación, según lo dispone las [20 LPRA secs. 10 *et seq.*] de esta ley.

(6) Graduado de un programa de electricidad en una institución vocacional o instituto tecnológico del sistema de educación pública o en su lugar, de un instituto vocacional privado debidamente acreditado o licenciado por las instituciones creadas por ley para esos fines o ser graduado de un programa de ingeniería de una universidad debidamente acreditada. Disponiéndose, en ambos casos que el programa aprobado constará de un mínimo de mil

(1,000) horas de estudio y además que el Consejo de Formación Tecnológico-Ocupacional queda facultado para convalidar experiencia por hora de estudio, o en su defecto, haber terminado el curso de adiestramiento prescrito, o que en el futuro se prescriba por el Consejo de Aprendizaje de Puerto Rico.

(7) Haber ejercido como ayudante de perito electricista por lo menos un (1) año.

(8) Ser residente de Puerto Rico.

(Junio 2, 1976, Núm. 115, art. 7, efectiva 60 días después de su aprobación; Enmendada en el 1977, Núm. 97; 1980, Núm. 123; Renumerado como art. 8 en el 1983, Núm. 4; enmendado en el 1984, Núm. 46; 1992, Núm. 86; 1996, Núm. 84; 1996, Núm. 86; 2004, Núm. 71; Julio 15, 2024, Núm. 102, sec. 1, enmienda los incisos (a) y (b).)

Notas Importantes
-Enmienda

-2024, ley 102- Esta ley 102, enmienda este art. 8 e incluye las siguientes secciones de aplicación:

Sección 2.- Medida transitoria- Cualquier solicitante cuya licencia de Ayudante de Perito Electricista venció durante el periodo de marzo de 2020 a la fecha de la aprobación de esta Ley, podrá solicitar su renovación durante el término de sesenta (60) días a partir de la aprobación de esta Ley. El solicitante deberá cumplir con todos los demás requisitos de la Ley Núm. 115 de 2 de junio de 1976, según enmendada, vigentes al momento del vencimiento antes reseñado.

Sección 3.- Cláusula de separabilidad- Si cualquier parte de esta Ley fuere declarada inconstitucional o defectuosa por un Tribunal competente, la sentencia a tal efecto dictada no afectará, perjudicará, ni invalidará el resto de esta Ley. El efecto de dicha sentencia quedará limitado exclusivamente a la parte específica de esta que así hubiere sido declarada inconstitucional o defectuosa.

Sección 4.- Vigencia.- Esta Ley comenzará a regir inmediatamente después de su aprobación.

-1992, ley 86- Nota de Aplicabilidad.

La sec. 12 de la Ley 86 del 6 de Noviembre de 1992, dispone: "Las disposiciones de la Sección 4 de esta ley [20 LPRA sec. 2707] no serán aplicables a ninguna persona que esté estudiando en un programa de electricidad, o se haya graduado de un curso de electricidad, o haya solicitado la licencia de perito electricista al momento de entrar en vigor esta ley."

Art. 9. Examen de perito electricista. (20 L.P.R.A. sec. 2709)

(a) Los exámenes se ofrecerán por la Junta tres (3) veces al año, cada cuatro (4) meses.

(b) Los exámenes constarán de dos (2) partes, una práctica y otra teórica. Cada parte tendrá un valor de puntos que la Junta determine conforme a su Reglamento y la puntuación mínima para pasar cada parte será de setenta (70) por ciento de ésta.

(c) Disponiéndose, que los aspirantes tendrán que pasar ambas partes del examen para que les sea otorgada la licencia.

(d) Si un aspirante fracasa en una parte del examen y aprobase la otra, solamente se tendrá que reexaminar en la parte fracasada. La parte aprobada expirará al término de dos (2) años y tendrá que reexaminarse en ambas partes.

(Junio 2, 1976, Núm. 115, art. 8, efectiva 60 días después de su aprobación; Enmendada en el 1980, Núm. 123; renumerada como art. 9 en el 1983, Núm. 4; 1984, Núm. 46; 1992, Núm. 86; Agosto 31, 2000, Núm. 273, art. 3.)

Art. 10. Capacidad o aptitud de los aspirantes. (20 L.P.R.A. sec. 2709)

La Junta será la única autorizada para determinar la suficiencia de los exámenes y la capacidad o aptitud de los aspirantes.

(Junio 2, 1976, Núm. 115, art. 9, efectiva 60 días después de su aprobación; Renumerado como art. 10 en el 1983, Núm. 4)

Art. 11. Reciprocidad sobre concesión de licencia. (20 L.P.R.A. sec. 2710)

La Junta estará autorizada para establecer, mediante las condiciones y requisitos que juzgue necesarios, relaciones de reciprocidad sobre concesión de licencia sin examen, directamente con los organismos correspondientes de cualquier estado de los Estados Unidos en que se exijan requisitos similares a los establecidos en esta ley para la obtención de una licencia de perito electricista y se provea una concesión similar para los licenciados por esta Junta.

(Junio 2, 1976, Núm. 115, art. 10, efectiva 60 días después de su aprobación; Renumerado como art. 11 en el 1983, Núm. 4)

Art. 12. Máximo número de aprendices y ayudantes. (20 L.P.R.A. sec. 2712)

Ningún perito electricista colegiado podrá tener bajo su inmediata supervisión a más de nueve (9) aprendices o ayudantes de perito electricista autorizado.

(Junio 2, 1976, Núm. 115, art. 11, efectiva 60 días después de su aprobación; Enmendada en el 1980, Núm. 123; renumerado como art. 12 en el 1983, Núm. 4; 1984, Núm. 46; 1992, Núm. 86)

Art. 13. Personas exceptuadas. (20 L.P.R.A. sec. 2712)

Se exceptúan de las disposiciones de esta ley las siguientes personas naturales o jurídicas:

(a) Los aprendices y ayudantes debidamente autorizados por esta ley siempre que realicen su trabajo bajo la supervisión personal e inmediata de un perito electricista colegiado.

(b) Los ingenieros electricistas colegiados, graduados de un colegio o universidad de ingeniería que ostenten licencia expedida por la Junta Examinadora de Ingenieros, Arquitectos y Agrimensores, que realicen instalaciones eléctricas o que empleen a peritos electricistas colegiados.

(c) Los empleados de la Autoridad de Energía Eléctrica, mientras realizan trabajos en las propiedades de la Autoridad.

(Junio 2, 1976, Núm. 115, art. 12, efectiva 60 días después de su aprobación; Enmendada en el 1980, Núm. 123; renumerado como art. 13 en el 1983, Núm. 4; 1984, Núm. 46; 1992, Núm. 86)

Nota Importante
Enmienda
-1992, ley 86 – Esta ley 86, enmienda varios articulos de esta ley e incluye el siguiente artículo de aplicación:
Art. 13 Vigencia. -Esta ley comenzará a regir inmediatamente después de su aprobación [6 de Noviembre de 1992], excepto la Sección 4 [20 LPRA sec. 2707] que comenzará a regir ciento veinte (120) días después de su aprobación [6 de Noviembre de 1992].

Art. 14. Quejas, investigación; procedimiento. (20 L.P.R.A. sec. 2713)

La Junta deberá recibir e investigar las quejas que se formulen con respecto a las personas que hayan sido autorizadas por esta ley para ejercer como aprendices, ayudantes o peritos electricistas. En caso de encontrarse causa fundada, se podrá instituir el correspondiente procedimiento de suspensión o revocación de licencia, procedimiento que estará en armonía con la Ley de Procedimiento Administrativo Uniforme, [3 LPRA secs. 2101 *et seq.*]. La Junta notificará desde el inicio del procedimiento al Colegio de Peritos Electricistas para la acción que éste estime pertinente tomar.

(Junio 2, 1976, Núm. 115, art. 13, efectiva 60 días después de su aprobación; Renumerado como art. 14 en el 1983, Núm. 4; 1992, Núm. 86)

Art. 15. Denegación de concesión de licencia. (20 L.P.R.A. sec. 2714)

La Junta podrá denegar la concesión de una licencia previa notificación y audiencia a cualquier persona que:

(a) Trate de obtener una licencia mediante fraude o engaño.

(b) No reúna los requisitos para obtener una licencia de acuerdo a lo dispuesto en esta ley.

(c) Haya sido declarada incapacitada mentalmente por un tribunal competente; se estableciera ante la Junta mediante peritaje médico su incapacidad; Disponiéndose, que la licencia podrá otorgarse tan pronto la persona sea declarada nuevamente capacitada y si reúne los demás requisitos dispuestos en esta ley.

Las resoluciones tomadas por la Junta en estos casos, podrán ser revisadas por el Tribunal de Primera Instancia, Sala de San Juan, dentro del término de treinta (30) días de haberse notificado la decisión a la persona concernida.

(Junio 2, 1976, Núm. 115, art. 14, efectiva 60 días después de su aprobación; Enmendada en el 1980, Núm. 123; renumerado como art. 15 en el 1983, Núm. 4)

Art. 16. Suspensión, revocación o denegación de licencia. (20 L.P.R.A. sec. 2715)

La Junta podrá suspender, revocar o denegar la concesión de la licencia expedida de acuerdo con esta ley, previa formulación de cargos, notificación y audiencia a cualquier persona que:

(a) Emplee en su trabajo a personas no autorizadas por la Junta.

(b) Observe una conducta inmoral en el ejercicio de su profesión o haber sido condenado por un tribunal por un delito que implique depravación moral o por actuaciones ilegales que impliquen negligencia inexcusable o conducta lesiva a los mejores intereses del público en el desempeño de sus funciones profesionales.

(c) Certifique trabajos de electricidad sin haberlos realizado personalmente o haberlos supervisado.

(d) Haya obtenido una licencia mediante fraude o engaño.

(e) Haya sido declarada incapacitada mentalmente por un tribunal competente, o se estableciera ante la Junta mediante peritaje médico su incapacidad; Disponiéndose, que la licencia podrá otorgarse tan pronto la persona sea declarada nuevamente capacitada y si reúne los demás requisitos dispuestos en esta ley.

(f) Realice instalaciones eléctricas que no cumplan con los requisitos mínimos del Código Eléctrico Nacional vigente, del Código Eléctrico de Puerto Rico y de los reglamentos promulgados por la compañía privada o pública encargada del suministro de energía eléctrica.

(g) Ejerza la profesión de perito electricista sin estar debidamente colegiado.

(h) No haya tomado los cursos de Educación Continua del Colegio de Peritos Electricistas.

Cuando la suspensión de la licencia proceda en virtud de los incisos (g) y (h) de esta sección, no se requerirá la previa formulación de cargos y audiencia; disponiéndose, que se seguirá el siguiente procedimiento:

A más tardar el 30 de abril de cada año, el Colegio de Peritos Electricistas de Puerto Rico referirá a la Junta Examinadora [una lista] con los nombres de todas las personas que no hayan pagado la cuota de colegiación a esa fecha o hayan participado del Programa de Educación Continua del Colegio para que inicie el correspondiente procedimiento de suspensión de licencia. La certificación del Colegio constituirá suficiente evidencia para que la Junta tome acción sobre la suspensión de licencia sesenta (60) días a partir de la notificación del procedimiento de suspensión si la persona querellada no acredita haber pagado la colegiación o haber tomado los cursos del Programa de Educación Continua. El Colegio publicará en un periódico de circulación general diaria los nombres de las personas que referirá a la Junta Examinadora. Transcurridos quince (15) días a partir de la publicación le notificará a dichas personas por correo certificado que su caso ha sido referido a la Junta Examinadora para que inicie el correspondiente procedimiento de suspensión de licencia. La Junta Examinadora suministrará al Colegio los nombres de las personas que haya admitido o admita al ejercicio de la profesión de perito electricista. Asimismo, el Colegio informará a la Junta Examinadora del fallecimiento de cualquier perito electricista colegiado a más tardar noventa (90) días de la notificación de su fallecimiento.

Reinstalación. Cualquier persona a quien se le haya suspendido la licencia por falta de pago de la cuota de colegiación o por no haber tomado los cursos de educación continua podrá solicitar por escrito a la Junta su reinstalación dentro de un año a partir de la cancelación de su licencia y, además, de acreditar el pago de la colegiación y/o de haber tomado los cursos de educación continua. Pagará los derechos que establezca el Departamento de Estado mediante reglamento en virtud de las [20 LPRA secs. 10 *et seq.*] de esta ley. La Junta no podrá reinstalar la licencia a dicha persona por más de una ocasión. Después de transcurrido un año de la suspensión de la licencia no se podrá reinstalar la licencia y el interesado tendrá que solicitar una nueva licencia y someterse al examen de reválida.

El procedimiento de revisión judicial estará en armonía con las disposiciones de la Ley de Procedimiento Administrativo Uniforme, [3 LPRA secs. 2101 *et seq.*]

(Junio 2, 1976, Núm. 115, art. 15, efectiva 60 días después de su aprobación; Renumerado como art. 16 en el 1983, Núm. 4; 1984, Núm. 46; 1992, Núm. 86)

Art. 17. Citaciones. (20 L.P.R.A. sec. 2716)

La Junta, o cualquier miembro de la misma, podrá emitir citaciones bajo apercibimiento para compeler la comparecencia de testigos y la presentación de documentos, tomar juramentos y declaraciones, presentar prueba y recibir documentos fehacientes en evidencia, en relación con la audiencia o en el acto de la misma. En caso de desobediencia a una citación bajo apercibimiento (*subpoena*), la Junta podrá invocar la ayuda de cualquier tribunal de Puerto Rico para requerir la comparecencia de testigos y la presentación de evidencia documental.

(Junio 2, 1976, Núm. 115, art. 16, efectiva 60 días después de su aprobación; Renumerado como art. 17 en el 1983, Núm. 4)

Art. 18. Cumplimiento de disposiciones, personas responsables. (20 L.P.R.A. sec. 2717)

Los miembros de la Junta que por esta ley se crea, el Secretario del Trabajo y Recursos Humanos y los empleados o funcionarios autorizados por éste, los miembros de la Policía y el Servicio de Bomberos de Puerto Rico, el Colegio de Peritos Electricistas y los peritos electricistas debidamente autorizados para el ejercicio de su profesión, serán las personas encargadas de velar por el cumplimiento de las disposiciones de esta ley.

(Junio 2, 1976, Núm. 115, art. 17, efectiva 60 días después de su aprobación; Enmendada en el 1977, Núm. 100; 1980, Núm. 123; renumerado como art. 18 en el 1983, Núm. 4)

Art. 19. Entrada en edificios autorizada. (20 L.P.R.A. sec. 2718)

Cualquier miembro de la Junta Examinadora, los inspectores del Colegio de Peritos Electricistas de Puerto Rico autorizados por la Junta, el Servicio de Bomberos, la Policía Estatal, el Secretario del Trabajo y Recursos Humanos y sus empleados o funcionarios autorizados por éste, quedan autorizados por la presente para entrar en proyectos de construcción e industrias donde se estén haciendo instalaciones eléctricas, hacer investigaciones, inspecciones o interrogatorios relacionados con el cumplimiento de esta ley.

(Junio 2, 1976, Núm. 115, art. 18, efectiva 60 días después de su aprobación; Enmendada en el 1980, Núm. 123; renumerado como art. 19 en el 1983, Núm. 4; 1984, Núm. 46)

Art. 20. Licencia requerida. (20 L.P.R.A. sec. 2719)

Ninguna persona se anunciará, asumirá o utilizará el título de perito electricista, ni podrá ejercer dicha profesión en Puerto Rico a menos que posea una licencia como tal, expedida bajo las disposiciones de esta ley y que la misma no haya sido revocada o suspendida.

(Junio 2, 1976, Núm. 115, art. 19, efectiva 60 días después de su aprobación; Enmendada en el 1980, Núm. 123; renumerado como art. 20 en el 1983, Núm. 4; 1992, Núm. 86)

Art. 21. Transferencia de propiedades, archivos, etc. (20 L.P.R.A. sec. 2720)

Se transfieren a la Junta Examinadora de Peritos Electricistas creada en virtud de esta ley, todas las propiedades, archivos, récord y documentos personales relacionadas con los peritos electricistas que estén en poder de la Junta Examinadora de Operadores de Máquinas Cinematográficas y Peritos Electricistas.

(Junio 2, 1976, Núm. 115, art. 20, efectiva 60 días después de su aprobación; Renumerado como art. 21 en el 1983, Núm. 4)

Art. 22. Trámite de procedimientos. (20 L.P.R.A. sec. 2721)

El Secretario de Justicia podrá entablar y tramitar cualquier acción o procedimiento ante los tribunales del Estado Libre Asociado de Puerto Rico, para el cumplimiento de las disposiciones de esta ley.

(Junio 2, 1976, Núm. 115, art. 21, efectiva 60 días después de su aprobación; 1980, Núm. 123, enmienda; renumerado como art. 22 en el 1983, Núm. 4)

Art. 23. Instalaciones eléctricas autorizadas; penalidades. (20 L.P.R.A. sec. 2722)

Toda compañía de servicio público o privado:

(a) Aprobará y suministrará servicio de energía eléctrica únicamente a instalaciones eléctricas que hayan sido realizadas o supervisadas por un ingeniero electricista colegiado o por un perito electricista colegiado debidamente autorizado por ley, y que cumplan con el Código Eléctrico Nacional vigente, el Código Eléctrico de Puerto Rico y los reglamentos promulgados por la compañía pública o privada encargada del suministro de energía eléctrica. Disponiéndose, que los ingenieros y peritos electricistas colegiados certificarán la realización de las instalaciones eléctricas mediante un documento oficial al respecto radicado ante la compañía de servicio público o privado. Nada de lo aquí dispuesto limita la facultad de la compañía que suministra el servicio de energía para inspeccionar o reinspeccionar por medio de sus empleados obras públicas o privadas cuando lo considere necesario al servicio que provee.

(b) La información requerida en este documento oficial será dispuesta por la compañía de servicio público o privado en coordinación con la Junta Examinadora de Ingenieros, Arquitectos y Agrimensores, la Junta Examinadora de Peritos Electricistas, el Colegio de Ingenieros y Agrimensores y el Colegio de Peritos Electricistas. El original del documento se entregará a la compañía de servicio público o privado, una primera copia será para el abonado y la segunda copia para el ingeniero o perito electricista colegiado.

Cualquier persona natural o jurídica que realice trabajos de electricidad sin estar debidamente autorizado por la Junta Examinadora de Peritos Electricistas y Colegiado por el Colegio de Peritos Electricistas o que emplee a personas no autorizadas por esta Ley para ello o que supervise a los mismos, incurrirá en delito menos grave y, convicta que fuere, será castigada con una multa no menor de mil (1,000) dólares ni mayor de cinco mil (5,000) dólares o reclusión por un periodo que no excederá de seis (6) meses, o ambas penas, a discreción del tribunal. En casos de reincidencia la multa no será menor de dos mil (2,000) dólares ni mayor de cinco mil (5,000) dólares.

El Secretario del Trabajo [y Recursos Humanos], el Secretario de Justicia, el Colegio de Peritos Electricistas, la Junta Examinadora y el Cuerpo de Bomberos de Puerto Rico, la Autoridad de Energía Eléctrica o cualquier otra entidad afectada dentro del Estado Libre Asociado de Puerto Rico, podrá instar un procedimiento de *injunction* a tenor con las leyes que gobiernan estos procedimientos contra cualquier persona que se dedique a la práctica de la profesión de perito electricista sin tener licencia para ello. Disponiéndose, que la acción de *injunction* que aquí se provee no relevará al infractor de ser procesado criminalmente por el delito de la práctica ilegal que se establece en esta sección.

(c) En todo caso que la Autoridad de Energía Eléctrica determine que un Perito Electricista alteró un contador, instalación o sistema eléctrico con el propósito de impedir la medición correcta de consumo de energía eléctrica, y/o realizó una instalación diseñada para impedir la medición correcta de consumo de energía eléctrica, referirá inmediatamente la evidencia y/o documentación a la Junta Examinadora de Peritos Electricistas y al Colegio de Peritos Electricistas. Si una vez culminado el trámite disciplinario la Junta Examinadora de Peritos Electricistas convalida la conducta imputada por la Autoridad de Energía Eléctrica, revocará su licencia como Perito Electricista por un término mínimo de tres (3) años. En caso de reincidencia, se revocará indefinidamente su licencia como Perito Electricista y no podrá volver a solicitar la misma por un periodo de cinco (5) años. La Junta Examinadora de Peritos Electricistas deberá culminar el trámite disciplinario dentro de seis (6) meses del momento que reciba el referido, salvo justa causa. Todo aquel Perito Electricista que luego de ser revocada su licencia, se preste a continuar llevando a cabo labores de perito electricista ilegalmente se le impondrá las sanciones descritas en el segundo párrafo del inciso (b) de este Artículo.

(Junio 2, 1976, Núm. 115, art. 22, efectiva 60 días después de su aprobación; Enmendada en el 1980, Núm. 123; renumerado como art. 23 en el 1983, Núm. 4; 1984, Núm. 46; 1987, Núm. 12; 1992, Núm. 86; Septiembre 13, 2007, Núm. 117, art. 1, enmienda el inciso (b) segundo párrafo para aumentar las penalidades; Noviembre 11, 2011, Núm. 238, art. 2, añade el inciso (c).)

Notas Importantes
Enmiendas
-2011, ley 238 – Esta ley 238 añade un nuevo inciso (c) e incluye los siguientes artículos relacionados:
Artículo 4.-La Autoridad de Energía Eléctrica deberá informar al Secretario de Justicia de aquellas personas y/o entidades que a su juicio han incurrido en la práctica ilegal del ejercicio de la profesión de ingeniero o perito según se establece en esta Ley. El Secretario de Justicia deberá investigar todo referido de la Autoridad de Energía Eléctrica en relación al ejercicio ilegal de la profesión de ingeniero o perito electricista y continuar con los procesos y trámites correspondientes basados en los hallazgos de estas investigaciones. De igual forma, el Secretario de Justicia, por iniciativa propia, o a solicitud de los respectivos organismos rectores de dichos oficios o profesiones, podrá entablar y tramitar ante los tribunales competentes, procedimientos y acciones correspondientes contra aquellas personas que así practiquen ilegalmente las profesiones antes mencionadas.
Artículo 5.-Empleo de violencia o intimidación contra empleados de la Autoridad.
Toda persona que use violencia o intimidación contra un empleado de la Autoridad de Energía Eléctrica para obligarlo a llevar a cabo u omitir algún acto propio de su cargo o a realizar uno contrario a sus deberes oficiales, incluyendo pero sin limitarse a sus funciones investigativas de alteraciones al sistema de energía eléctrica y/o uso indebido de energía eléctrica o de materiales y equipo, incurrirá en delito grave de cuarto grado.

Artículo 6.-Publicidad. -La Autoridad de Energía Eléctrica publicará dentro del período de treinta (30) días de la aprobación de esta Ley, un aviso público en al menos dos (2) rotativos de circulación general, especificando las disposiciones de esta Ley, incluyendo el beneficio de amnistía que provee la misma. La convocatoria deberá también publicarse mediante aviso junto con la facturación que hace la Autoridad a sus abonados.

Artículo 7.-La Autoridad de Energía Eléctrica deberá, dentro de los noventa (90) días de aprobada esta Ley, adoptar la reglamentación necesaria para cumplir con los propósitos, alcance y aplicación de esta Ley, conforme lo dispuesto por la Ley Núm. 170 de 12 de agosto de 1988, según enmendada, conocida como "Ley de Procedimiento Administrativo Uniforme".

Artículo 8.-Si cualquier parte de esta Ley fuese declarada nula por un tribunal de jurisdicción competente, este fallo no afectará ni invalidará el resto de la Ley y su efecto quedará limitado al aspecto objeto de dicho dictamen judicial.

Artículo 9.-Esta Ley comenzará a regir inmediatamente después de su aprobación.

-2007, ley 117 – Esta ley enmienda este artículo para aumentar las penalidades e incluye los siguientes artículos relacionados:

Artículo 3.-Si cualquier parte de esta Ley fuese declarada nula por un tribunal de jurisdicción competente, este fallo no afectará ni invalidará el resto de la Ley y su efecto quedará limitado al aspecto objeto de dicho dictamen judicial.

Artículo 4.-Esta Ley comenzará a regir inmediatamente después de su aprobación.

Ley para crear Colegio de Peritos Electricistas.
Ley Núm. 131 de 28 de junio de 1969, según enmendada.

Art. 1. Reconocimiento del Colegio. (20 L.P.R.A. sec. 2011)

Se reconoce al Colegio de Peritos Electricistas de Puerto Rico, una entidad sin fines de lucro, según creada por mayoría de la voluntad de los participantes en referéndum celebrado al efecto, el cual está compuesto por todos los peritos electricistas y ayudantes de perito electricista autorizados por la Junta Examinadora de Peritos Electricistas de Puerto Rico a ejercer la profesión en Puerto Rico. Este Colegio es y continuará siendo una entidad jurídica o corporación cuasi pública que operará bajo el nombre de "Colegio de Peritos Electricistas de Puerto Rico" y establecerá su domicilio en un municipio del Estado Libre Asociado de Puerto Rico a ser determinado por la Junta de Gobierno del propio Colegio.

(Junio 28, 1969, Núm. 131, art. 1; Julio 12, 1980, Num. 122, sec. 1, efectiva 90 días después de su aprobación; 2002, Núm. 217; Julio 30, 2016, Num. 103, sec. 1, enmienda en términos generales; Julio 15, 2024, Núm. 100, sec. 1, enmienda en términos generales.)

Art. 2. Poderes y deberes. (20 L.P.R.A. sec. 2012)

El Colegio de Peritos Electricistas de Puerto Rico tendrá los siguientes poderes y deberes:

(a) Agrupará a todos los peritos electricistas y ayudantes de perito electricista licenciados por la Junta Examinadora y dispondrá por reglamento los derechos y deberes de sus miembros.

(b) Podrá subsistir a perpetuidad bajo ese nombre, y demandar y ser demandado como persona jurídica.

(c) Podrá poseer y usar un sello, alterarlo a su voluntad y determinar en qué documentos originales emitidos por el Colegio o sus organismos oficiales se estampará el mismo.

(d) Podrá adquirir derechos y bienes, tanto muebles como inmuebles, por compra, donación, legado, tributo entre sus propios miembros o de cualquier otro modo legal y poseerlos, hipotecarlos, arrendarlos y disponer de los mismos en cualquier forma legal.

(e) Nombrará sus miembros a la Junta de Gobierno y oficiales mediante votación directa, libre y secreta de sus miembros. No obstante, la votación podrá hacerse por mano alzada si así lo acuerda la mayoría simple de los presentes en la votación.

(f) Adoptará un reglamento que será obligatorio para todos los miembros y podrá enmendarlo en la forma y bajo requisitos que en el mismo se establezcan. El reglamento dispondrá sobre cualquier asunto o materia no específicamente dispuesto en esta Ley, siempre que ello no sea contrario a lo dispuesto en la misma.

(g) Protegerá a sus miembros en el ejercicio de su profesión; y mediante la creación de montepíos, sistemas de seguro y fondos especiales, o en cualquier otra forma, socorrer a aquellos miembros que se retiren por inhabilidad física o avanzada edad y a los herederos o a los beneficiarios de los que fallezcan.

(h) Recibirá e investigará las querellas que se formulen respecto a la conducta de sus miembros en el ejercicio de la profesión, pudiendo remitirlas a la Comisión de Ética o a la Junta de Gobierno del Colegio de Peritos Electricistas de Puerto Rico para que actúen, y después de una vista administrativa en la que se dará oportunidad de defensa al interesado, si se encontrara la violación imputada, imponer la sanción que se disponga por reglamento o referir el asunto a la Junta Examinadora para que esta inicie el proceso de suspensión de licencia del querellado.

(i) Defenderá los derechos de sus miembros y procurará que éstos gocen del prestigio y respecto necesario para el buen desempeño de su profesión.

(j) Promoverá relaciones fraternales entre sus miembros y procurará sostener una saludable y estricta moral profesional entre ellos.

(k) Ejercitará las facultades incidentales que fueran necesarias o convenientes a los fines de su creación y que no estuvieren en desacuerdo con esta Ley.

(l) El Colegio establecerá y proveerá un programa de educación continua para todos los electricistas licenciados, conforme a lo que se dispone en esta ley. El programa que se establezca exigirá a todo perito electricista un mínimo de ocho (8) horas de educación continua al año. Mediante reglamento, el Colegio dispondrá todo lo relativo a su programa de educación continua. El Colegio podrá eximir temporalmente, del cumplimiento de los requisitos de educación continua a cualquier miembro por estar activo en las Fuerzas Armadas de los Estados Unidos de América. Una vez el militar activo, cumpla con su servicio activo vendrá obligado a cumplir con los requisitos de educación continua, y el Colegio vendrá obligado a otorgarle el acomodo razonable para tales fines.

(Junio 28, 1969, Núm. 131, art. 2; ; Julio 12, 1980, Num. 122, sec. 2, efectiva 90 días después de su aprobación; 1992, Núm. 90; Julio 30, 2010, Núm. 112, art. 1, enmienda el inciso (k); Diciembre 10, 2010, Núm. 192, art. 1, enmienda los incisos (e) y (k); Julio 30, 2016, Núm. 103, sec. 2, enmienda los incisos (e), (g), (i) y (k) ; Julio 15, 2024, Núm. 100, sec. 2, enmienda en términos generales.)

Notas Importantes:
Referencias en el texto. El "Artículo II" mencionado en el inciso (e) de esta sección pudiera ser el art. 11 que aparece transcrito como disposición transitoria bajo la [20 LPRA sec. 2011] de esta ley.
Enmiendas
-2024, ley 100- Esta ley 100, enmienda en términos generales.
-2016, ley 103 – Esta ley 103 enmienda los incisos (e), (g), (i) y (k).
-2010, ley. 192 – Esta ley 192 enmienda los incisos (e) y (k).
-2010, ley 112 – Esta ley 112 enmienda el inciso (k) de este artículo e incluye el siguiente artículo relacionado:
Sección 2.-Esta Ley entrará en vigor inmediatamente después de su aprobación. No obstante, se conceden ciento veinte (120) días al Colegio de Peritos Electricistas de Puerto Rico para que realicen todos aquellos ajustes y enmiendas al reglamento que los rige, que sean necesarios para lograr la efectiva consecución de esta Ley.

Art. 3. Membresía. (20 L.P.R.A. sec. 2013)

Reconociendo el vínculo contractual surgido del referéndum celebrado entre los electricistas para establecer su Colegio, se reconocen como miembros del Colegio a todos los peritos electricistas y todos los ayudantes de perito electricista admitidos a practicar la profesión de electricista por la Junta Examinadora de Peritos Electricistas de Puerto Rico.

Ninguna persona que no esté licenciada por la Junta Examinadora ni sea miembro del Colegio podrá ejercer la profesión de perito electricista en Puerto Rico exceptuando el siguiente caso:

Los electricistas de las Fuerzas Armadas de los Estados Unidos cuando el ejercicio de la profesión se realiza en el cumplimiento de obligaciones oficiales.

(Junio 28, 1969, Núm. 131, art. 3; Julio 12, 1980, Num. 122, sec. 3, efectiva 90 días después de su aprobación; Julio 15, 2024, Núm. 100, sec. 3, enmienda en términos generales.)

Art. 4. Organización Interna. (20 L.P.R.A. sec. 2014)

Regirán los destinos del Colegio, en primer término, su Asamblea General y, en segundo término, su Junta de Gobierno. El reglamento del Colegio podrá establecer comisiones permanentes o temporales y otros medios de organización interna compatibles con esta Ley.

(a) Los Oficiales del Colegio, quienes a su vez constituirán el Comité Ejecutivo, serán: el Presidente, el Vicepresidente, el Secretario y el Tesorero de la Junta de Gobierno. El Comité Ejecutivo ejecutará los acuerdos tomados por la Asamblea General y la Junta de Gobierno. Además, administrará y supervisará la operación diaria del Colegio e informará a la Junta de Gobierno y a la Asamblea General sobre sus ejecutorias. El Comité Ejecutivo, igual que la Junta de Gobierno, responderá a la Asamblea General. El reglamento general del Colegio dispondrá la remuneración adecuada para los integrantes del Comité Ejecutivo, así como la dieta de los miembros de la Junta de Gobierno.

(b) Los miembros de la Junta de Gobierno serán electos por un término de tres (3) años y podrán ser reelectos por un (1) término adicional.

(c) Todo candidato a un puesto electivo en la Junta de Gobierno tiene que ser miembro registrado del Colegio y estar al día en sus cuotas antes de presentar su candidatura.

(d) Los candidatos a puestos electivos a la Junta de Gobierno tienen que gozar de buena reputación moral en la comunidad y entre sus pares.

(e) Todo aspirante a un puesto electivo en la Junta de Gobierno, tendrá que someter junto con su solicitud de candidatura, un certificado de antecedentes penales de la Policía de Puerto Rico a los efectos de que no ha sido convicto por ningún delito grave o delito menos grave que implique depravación moral en los 10 años precedentes a su solicitud de candidatura.

(f) Los candidatos a puestos electivos en la Junta de Gobierno tienen que haber cumplido con los requisitos mínimos de educación continua que dispone este capítulo con antelación a la presentación de su candidatura.

(Junio 28, 1969, Núm. 131, art. 4; Julio 12, 1980, Num. 122, sec. 4, efectiva 90 días después de su aprobación; 1992, Núm. 90; Diciembre 10, 2010, Núm. 192, art. 2, enmienda en términos generales; Julio 30, 2016, Num. 103, sec. 3, enmienda los incisos (a), (b) y (e); Julio 15, 2024, Núm. 100, sec. 4, enmienda en términos generales.)

Art. 5. Reglamento. (20 L.P.R.A. sec. 2015)

El reglamento general del Colegio dispondrá todo lo que no se haya previsto en este capítulo, incluyendo lo concerniente a funciones, deberes y procedimientos de todos sus organismos y oficiales; convocatorias, fechas, quórum, forma y requisitos de las asambleas generales y sesiones de la Junta de Gobierno; elecciones de directores y oficiales; comisiones permanentes; programa de educación continua; inspectores del Colegio; presupuesto o inversión de fondos y disposición de bienes del Colegio;

término de todos los cargos, excepto los establecidos en el Artículo 4(b) de esta Ley; vacantes y modo de cubrirlas, entre otras.

(Junio 28, 1969, Núm. 131, art. 5; Julio 30, 2016, Num. 103, sec. 4, enmienda en términos generales; Julio 15, 2024, Núm. 100, sec. 5, enmienda en términos generales.)

Art. 6. Cuota anual. (20 L.P.R.A. sec. 2016)

Cada año los miembros del Colegio pagarán una cuota la cual será fijada por la Asamblea General, la que se hará figurar en su reglamento. El Colegio podrá enmendar de tiempo en tiempo la cantidad de la cuota y el modo en que es pagadera en cualquier Asamblea convocada por el Colegio. La enmienda propuesta a la cuota será notificada en la convocatoria a la Asamblea en la que se pretende llevar a votación la enmienda. La enmienda tendrá que llevarse a votación luego de constituido el quórum reglamentario y quedará aprobada si cuenta con el voto afirmativo de dos terceras (2/3) partes de los miembros presentes.

(Junio 28, 1969, Núm. 131, art. 6; Septiembre 13, 2007, Núm. 118, art. 1, enmienda en términos generales; Julio 30, 2016, Num. 103, sec. 5, enmienda en términos generales; Julio 15, 2024, Núm. 100, sec. 6, enmienda en términos generales.)

Art. 7. Programa de Educación Continua. (20 L.P.R.A. sec. 2016-a)

Se declara al Colegio como proveedor de educación continua de los peritos electricistas licenciados. El programa de educación continua del Colegio requerirá que todo perito electricista licenciado tome al menos ocho (8) horas anuales en cursos de educación continua sobre materias de electricidad. El Colegio establecerá por reglamento el currículo del programa y todo lo relativo al mismo, incluyendo categorías de exención, condiciones para los eximidos, costo, convalidación de cursos u horas, lugares donde se ofrecerán los cursos, etc. El reglamento también requerirá que las instituciones privadas acreditadas por la Junta Examinadora que provean educación continua deberán proveer al Colegio evidencia de los cursos y las horas que tomaron con tales instituciones los electricistas para que el Colegio pueda acreditarle esos cursos y horas.

Art. 8. Suspensión. (20 L.P.R.A. sec. 2017)

Cualquier miembro que no pague su cuota y que en los demás aspectos esté cualificado como miembro del Colegio quedará suspendido como tal miembro, pero podrá rehabilitarse mediante el pago retroactivo de lo que adeude por tal concepto desde que se le expidió la licencia por la Junta Examinadora o desde su último pago de cuota anual, según sea el caso. No obstante lo antes dispuesto, la Junta de Gobierno tendrá discreción para, de forma excepcional y por justa causa, condonar parcialmente lo que un perito deba pagar para reactivarse como colegiado, siempre que la condonación no alcance más del cincuenta por ciento (50%) de la deuda o más de dos (2) años de impago, lo que resulte menor.

Cualquier miembro que no satisfaga los requisitos mínimos de educación continua y que en los demás aspectos esté cualificado como miembro del Colegio quedará suspendido como tal miembro, pero podrá rehabilitarse si toma las horas de educación continua que incumplió, más las horas correspondientes al término de suspensión.

El Colegio referirá a la Junta Examinadora a todo electricista que no haya cumplido los requisitos mínimos de educación continua, para lo que seguirá el procedimiento establecido en la Ley 115 de 2 de junio de 1976, Ley de la Junta Examinadora de Peritos Electricistas.

(Junio 28, 1969, Núm. 131, art. 7; Julio 12, 1980, Num. 122, sec. 5, efectiva 90 días después de su aprobación; Diciembre 10, 2010, Núm. 192, art. 3, enmienda en términos generales; Julio 30, 2016, Num. 103, sec. 6, enmienda en términos generales; Julio 15, 2024, Núm. 100, sec. 8, reenumera como art. 8 y enmienda en términos generales.)

Notas Importantes
Enmienda
-2010, ley 192 – Esta ley 192 enmienda los artículo 2, 4 y 7 e incluye los siguientes artículos relacionados:
Artículo 4.- La Asamblea General adoptará todas las normas, reglas y reglamentos que estime necesarias para llevar a cabo su funcionamiento interno y cumplir con el propósito de esta Ley.
Artículo 5.- El Colegio de Peritos Electricistas de Puerto Rico, deberá atemperar sus respectivos reglamentos a los fines de hacerlos conforme a las disposiciones de esta Ley, dentro de sesenta (60) días de aprobada esta Ley.
De igual forma, todo reglamento y/o normas vigentes y que en el futuro adopte el Colegio de Peritos Electricistas de Puerto Rico y sus comisiones tendrán que presentarse a los miembros del Colegio en la Asamblea General para su ratificación y aprobación.
Artículo 6.- Esta Ley entrará en vigor inmediatamente después de su aprobación.

Art. 9. Estampilla del Colegio - Fijación. (20 L.P.R.A. sec. 2018)

Se autoriza al Colegio a adoptar y emitir estampillas (sellos) oficiales para toda certificación de instalación o reinstalación eléctrica presentada en cualquier oficina de la agencia pública o empresa privada que provea el servicio de electricidad en Puerto Rico. Será deber de todo perito electricista cancelar las estampillas que emita el Colegio en toda certificación de instalación o reinstalación eléctrica y radicarla en la agencia pública o empresa privada que provea el servicio de electricidad. La agencia pública o empresa privada que provea el servicio de electricidad no conectará el servicio a ninguna instalación o reinstalación eléctrica a menos que la misma haya sido certificada por un perito electricista y tenga cancelado el correspondiente sello del Colegio. Las certificaciones cancelarán las siguientes cantidades en estampillas del Colegio:

(a) Instalaciones soterradas: el importe de diez dólares ($10) en estampillas.

(b) Subestaciones, switch unit o industriales: el importe de veinte dólares ($20) en estampillas.

(c) Instalaciones de postes, alambrados o líneas aéreas: el importe de quince dólares ($15) en estampillas.

(d) Por cada metro eléctrico o medido de amperes: el importe de diez dólares ($10) en estampillas para el de cien (100) amperes: el importe de veinte dólares ($20) en estampillas para el de doscientos (200) amperes.

(e) Reinspecciones de instalaciones o monturas para contadores vacantes: el importe de diez dólares ($10) en estampillas.

(f) Generadores de electricidad fijos o portátiles: el importe de diez dólares ($10) en estampillas si es una instalación comercial.

(g) Certificación comercial: el importe de quince dólares ($15) en estampillas. Se exceptúa de la aplicación de los importes anteriormente expuestos toda instalación eléctrica que se realice para una residencia o para una entidad sin fines de lucro; Disponiéndose, que todas las instalaciones eléctricas descritas en los incisos (a) al (g) de esta sección conllevarán el importe de diez dólares ($10) en estampillas cuando las mismas se realicen para una residencia o una entidad sin fines de lucro.

Al menos el quince por ciento (15%) de los recaudos de venta de estampillas del Colegio se destinará a las Casas Capitulares del Colegio, las que se utilizan como sedes para ofrecer los cursos de educación continua de los electricistas licenciados.

(Junio 28, 1969, Núm. 131, art. 8; Julio 12, 1980, Num. 122, sec. 6, efectiva 90 días después de su aprobación; 1992, Núm. 90; 2003, Núm. 301, art. 1; Agosto 1, 2008, Núm. 137, art. 1, enmienda el inciso (d) y el último párrafo; Julio 15, 2024, Núm. 100, sec. 9, reenumera como art. 9 y enmienda en términos generales.)

Art. 10. Venta. (20 L.P.R.A. sec. 2019)

Por la presente se ordena al Secretario de Hacienda para que, a través de las Colecturías de Rentas Internas del Estado Libre Asociado de Puerto Rico, venda los sellos especiales adoptados y expedidos por el Colegio de Peritos Electricistas de Puerto Rico de acuerdo [con] este Capítulo.

El Colegio de Peritos Electricistas de Puerto Rico hará entrega al Secretario de Hacienda, de tiempo en tiempo, de un número de sellos suficientes para su venta. El Secretario de Hacienda deberá realizar mensualmente la liquidación del valor total de los ellos rendidos; retendrá el diez por ciento (20%) del total recaudado por concepto de la venta de estos sellos para cubrir parte de los costos administrativos incurridos en la venta de los mismos, y el importe restante lo reembolsará al Colegio de Peritos Electricistas de Puerto Rico. En tanto se verifique la liquidación y reembolso del valor total de los sellos que hubieren sido entregados al Secretario de Hacienda, tanto el producto de los sellos vendidos como los sellos que aún no hubieren sido vendidos serán considerados para todos los efectos del mismo carácter y condición que valores del Estado Libre Asociado de Puerto Rico en poder del Secretario de Hacienda.

(Junio 28, 1969, Núm. 131, art. 9; Julio 12, 1980, Num. 122, sec. 7, efectiva 90 10días después de su aprobación; Julio 15, 2024, Núm. 100, sec. 9, reenumera como art. 10.)

Art. 11. [Referéndum.]

Dentro de los noventa (90) días siguientes a la fecha de aprobación de esta ley [20 LPRA secs. 2011 a 2019] y para el objeto indicado en el Artículo 1 [20 LPRA sec. 2011], la Junta Examinadora de Operadores de Máquinas Cinematográficas y Peritos Electricistas consultará por escrito a todos los peritos electricistas que a ese momento tengan derecho a ser miembros del Colegio, si desean o no que se constituya el Colegio según lo provee esta ley. Las contestaciones deberán ser en la afirmativa o en la negativa, escritas de puño y letra del interesado y estarán sujetas a la libre inspección de cualquier perito electricista interesado en el asunto. Una vez que la mayoría de los peritos electricistas se haya pronunciado en favor o en contra de la colegiación, la Junta Examinadora dará cuenta de ello por escrito al Gobernador de Puerto Rico.

(Junio 28, 1969, Núm. 131, art. 10; Julio 15, 2024, Núm. 100, sec. 11, reenumera como art. 11.)

Art. 12. [Resultado.]

De ser afirmativo el resultado del referéndum provisto en esta ley [20 LPRA secs. 2011 a 2019], la Junta Examinadora se convertirá en Comisión de Convocatoria a Asamblea General Constituyente. En tal carácter y dentro de los treinta (30) días siguientes a la notificación hecha al Gobernador de Puerto Rico sobre los resultados del referéndum, convocará a todos los peritos electricistas que a tal fecha tengan derecho a ser miembros del Colegio, a la Asamblea General Constituyente. Esta Asamblea elegirá la primera Junta de Gobierno y resolverá sobre el Reglamento del Colegio. La Asamblea se celebrará en la ciudad de San Juan el decimoquinto día después de la publicación de la convocatoria, la cual deberá ser publicada en dos (2) periódicos de circulación general en Puerto Rico. Si no llegaren a cincuenta (50) los presentes a la primera Asamblea General así convocada, ésta no podrá celebrarse; sin embargo, los que hayan concurrido podrán por mayoría designar fecha para nueva convocatoria que se hará con idénticos fines y en igual forma que la anterior, sin que transcurran más de treinta (30) días a partir de la fecha para la cual se convocó la primera Asamblea General Constituyente. En segunda convocatoria, la Asamblea General Constituyente podrá celebrarse con cualquier número de peritos electricistas que asistan y los acuerdos que se adopten o las actuaciones que se lleven a cabo por la mayoría de los presentes serán válidas.

(Junio 28, 1969, Núm. 131, art. 11; Julio 15, 2024, Núm. 100, sec. 10, reenumera como art. 12.)

Art. 13. [Representación.]

El Colegio de Peritos Electricistas de Puerto Rico, establecido por la presente ley [20 LPRA secs. 2011 a 2019], asumirá la representación de todos los peritos electricistas autorizados por la Junta Examinadora de Operadores de Máquinas Cinematográficas y Peritos Electricistas, para ejercer el oficio en Puerto Rico y tendrá autoridad para hablar en su nombre y representación, de acuerdo los términos de esta ley y del reglamento que se aprobare.

(Junio 28, 1969, Núm. 131, art. 12; Julio 15, 2024, Núm. 100, sec. 10, reenumera como art. 13.)

Art. 14. Penalidades. (20 L.P.R.A. sec. 2020)

Toda persona que ejerza o practique tareas o labores de electricidad sin estar debidamente licenciada y colegiada o toda persona que se hiciere pasar o se anunciare como tal sin estar debidamente colegiada y licenciada incurrirá en delito menos grave y de ser declarada culpable será castigada con una multa no menor de trescientos dólares ($300) ni mayor de mil dólares ($1,000) o reclusión por un período que no excederá de seis (6) meses o ambas penas a discreción del tribunal. En casos de reincidencia, la multa será no menor de mil dólares ($1,000) ni mayor de dos mil dólares ($2,000).

Cualquier perito electricista licenciado y colegiado que firme o certifique un trabajo o instalación eléctrica realizada por una persona que no tenga licencia de perito electricista, que no esté colegiado, o ambas, incurrirá en delito grave y convicta que fuere se le impondrá una pena de reclusión de un (1) año, o multa mayor de cinco mil dólares ($5,000) o ambas penas a discreción del tribunal. Además, será referido por el Colegio a la Junta Examinadora para que esta inicie el procedimiento de suspensión o revocación de su licencia.

No incurrirá en este delito el perito electricista licenciado y colegiado que firme o certifique un trabajo o instalación eléctrica realizada por un ayudante o aprendiz, debidamente autorizado, que haya realizado el trabajo o instalación eléctrica bajo la supervisión inmediata y directa del perito electricista licenciado y colegiado.

Ninguna persona natural o jurídica, pública o privada, empleará o contratará a ninguna persona para que realice trabajos de electricidad a menos que dicha persona posea licencia de la Junta Examinadora y esté colegiado. En el caso de las personas naturales, la violación de esta disposición constituirá un delito menos grave que conllevará multa de quinientos dólares ($500), cárcel por un término no mayor de seis (6) meses, o ambas penas a discreción del tribunal. En el caso de las personas jurídicas privadas, la violación de esta disposición constituirá un delito menos grave que conllevará multa de mil dólares ($1,000), la cancelación de su certificado de incorporación o la disolución de la sociedad o entidad jurídica de que se trate, o ambas penas a discreción del tribunal. En el caso de entidades públicas y municipios, se procesará a la persona que empleó o contrató en violación de lo aquí dispuesto según el procedimiento disciplinario interno de la agencia, entidad o municipio.

(Junio 28, 1969, Núm. 131; Noviembre 6, 1992, Núm. 90, sec. 4, adicionado como art. 12; Septiembre 13, 2007, Núm. 117, art. 2, aumenta la penalidades; Julio 30, 2016, Num. 103, sec. 7, enmienda en términos generales; Julio 15, 2024, Núm. 100, sec. 11, reenumera como art. 14 y enmienda en términos generales.)

Notas Importantes
Enmienda
-2007, ley 117 – Esta ley enmienda este artículo para aumentar las penalidades e incluye los siguientes artículos relacionados:

Artículo 3.- Si cualquier parte de esta Ley fuese declarada nula por un tribunal de jurisdicción competente, este fallo no afectará ni invalidará el resto de la Ley y su efecto quedará limitado al aspecto objeto de dicho dictamen judicial.

Artículo 4.- Esta Ley comenzará a regir inmediatamente después de su aprobación.

Art. 15. - Sistema de Inspectores. (20 L.P.R.A. sec. 2021)

Se autoriza al Colegio a establecer un sistema de Inspectores para velar por el cumplimiento de las disposiciones de esta Ley y de la Ley 115 de 2 de junio de 1976, Ley de la Junta Examinadora de Peritos Electricistas. El Colegio establecerá por reglamento, entre otros, los requisitos para ser inspector, sus funciones, los procedimientos que deban realizar o seguir, su forma remuneración, destitución y cualquier otro asunto no incompatible con esta Ley.

(Junio 28, 1969, Núm. 131; Julio 15, 2024, Núm. 100, sec. 12, añade este nuevo art. 16.)

Art. 16. - Vigencia.

Esta Ley comenzará a regir inmediatamente después de su aprobación.

(Junio 28, 1969, Núm. 131, art. 13; Julio 15, 2024, Núm. 100, sec. 9, reenumera como art. 16.)

Ley de División de Juntas Examinadoras.
Ley Núm. 41 de 5 de Agosto de 1991, según enmendada.

Art. 1. Adscripción al Departamento de Estado. (20 L.P.R.A. sec. 10)

Se adscriben al Departamento de Estado las siguientes Juntas Examinadoras:

(1) Junta de Acreditación de Actores de Teatro [secs. 3301 et seq. de este título].

(2) Junta Examinadora de Agrónomos [secs. 621 et seq. de este título].

(3) Junta Examinadora de Barberos y Estilistas en Barbería [secs. 571 et seq. de este título].

(4) Junta Examinadora de Consejeros en Rehabilitación [secs. 2651 et seq. de este título].

(5) Junta de Contabilidad [secs. 771 et seq. de este título].

(6) Junta Examinadora de Decoradores y Diseñadores de Interiores [secs. 2231 et seq. de este título].

(7) Junta Examinadora de Delineantes Profesionales [secs. 2601 et seq. de este título].

(8) Junta Examinadora de Especialistas en Belleza [secs. 2111 et seq. de este título].

(9) Junta Examinadora de Evaluadores Profesionales de Bienes Raíces [secs. 2301 et seq. de este título].

(10) Junta Examinadora de Ingenieros, Arquitectos y Agrimensores [secs. 711 et seq. de este título].

(11) Junta Examinadora de Maestros y Oficiales Plomeros [secs. 941 et seq. de este título].

(12) Junta Examinadora de Operadores de Máquinas Cinematográficas [secs. 901 et seq. de este título].

(13) Junta Examinadora de Peritos Electricistas [secs. 2701 et seq. de este título].

(14) Junta Examinadora de Químicos [secs. 471a et seq. de este título].

(15) Junta Examinadora de Técnicos Automotrices [secs. 2145 et seq. de este título].

(16) Junta Examinadora de Técnicos de Radio y Telerreceptores [secs. 2401 et seq. de este título].

(17) Junta Examinadora de Técnicos de Refrigeración y Aire Acondicionado [secs. 2051 et seq. de este título].

(18) Junta Examinadora de Trabajadores Sociales [secs. 821 et seq. de este título].

(19) Junta Examinadora de Operadores de Plantas de Tratamiento de Agua Potable y Aguas Usadas [secs. 2801 et seq. de este título].

Disponiéndose, que a cualquier Junta Examinadora que en el futuro se adscriba al Departamento de Estado se le aplicarán las disposiciones de las [secs. 10 et seq. de este título].

(Agosto 5, 1991, Núm. 41, art. 1.)

Art. 2. Secretario Ejecutivo. (20 L.P.R.A. sec. 11)

El Secretario de Estado será el Secretario Ejecutivo de las Juntas Examinadoras adscritas al Departamento de Estado con facultad de participar sin derecho a voto en todas las reuniones de Juntas. El Secretario de Estado podrá delegar tal responsabilidad en otro funcionario.

(Agosto 5, 1991, Núm. 41, art. 2.)

Art. 3. Secretario Ejecutivo - Deberes. (20 L.P.R.A. sec. 12)

El Secretario Ejecutivo será el responsable de proveer el apoyo administrativo, secretarial, legal y operacional a las Juntas Examinadoras adscritas al Departamento de Estado, y de cualquier Junta que en el futuro se cree o transfiera al Departamento de Estado.

(Agosto 5, 1991, Núm. 41, art. 3.)

Art. 4. Reglamentos uniformes. (20 L.P.R.A. sec. 13)

El Secretario de Estado podrá adoptar reglamentación que uniforme los procesos administrativos de administración de exámenes, [otorgamiento] de licencias y adjudicación de querellas de las Juntas Examinadoras adscritas al Departamento de Estado, según las disposiciones de las secs. 2101 et seq. del Título 3, conocidas como la "Ley de Procedimiento Administrativo Uniforme". Disponiéndose, que el reglamento uniforme que se adopte deberá disponer que los exámenes que se ofrecen a los candidatos aspirantes a las distintas profesiones por las Juntas Examinadoras sean administrados en español o en inglés a petición del aspirante.

Dicha reglamentación uniforme tendrá vigencia en todas las Juntas salvo en aquellas que, con posterioridad a la aprobación del reglamento uniforme, adopten un reglamento sobre la misma materia o indiquen su exclusión del mismo por tener vigente un reglamento similar adoptado a tenor con las secs. 2101 et seq. del Título 3.

(Agosto 5, 1991, Núm. 41, art. 4; Septiembre 19, 1996, Núm. 240, sec. 1.)

Art. 5. Reglamentos Uniformes - Cobro de derechos. (20 L.P.R.A. sec. 14)

El Secretario de Estado podrá establecer por reglamento los derechos a cobrar por los servicios que ofrecen las Juntas Examinadoras, según las disposiciones de las secs. 2101 et seq. del Título 3.

Dicho reglamento incluirá los derechos a cobrar por los siguientes servicios y otros análogos:

(a) Examen.

(b) Reexamen.

(c) Licencia y su renovación.

(d) Certificaciones y copias certificadas.

Disponiéndose, que el reglamento que se adopte no podrá ser enmendado antes de pasados dos (2) años de su adopción.

(Agosto 5, 1991, Núm. 41, art. 5.)

Art. 6. Cuenta especial. (20 L.P.R.A. sec. 15)

Los derechos establecidos según prescritos en la sec. 14 de este título que excedan de los derechos vigentes a la fecha de aprobación de ésta ingresarán en una Cuenta Especial creada para esos efectos en el Departamento de Hacienda con el propósito de sufragar los gastos ordinarios de funcionamiento de la División de Juntas Examinadoras que no fueran sufragados por asignaciones del Fondo General u otras asignaciones presupuestarias.

Disponiéndose, que el Departamento de Estado, antes de utilizar los recursos depositados en la Cuenta Especial, deberá someter anualmente, para la aprobación de la Oficina de Gerencia y Presupuesto, un presupuesto de gastos con cargo a esos fondos. El remanente de fondos que al 30 de junio de cada año fiscal no haya sido utilizado u obligado para los propósitos de las secs. 10 et seq. de este título se transferirá al Fondo General.

(Agosto 5, 1991, Núm. 41, art. 6.)

Art. 7. Evaluación de Certificados de Antecedentes Penales. (20 L.P.R.A. sec. 16)

Las Juntas Examinadoras no podrán rechazar de plano las solicitudes de un aspirante a una profesión cubierta por esta Ley que tenga antecedentes penales.

En estos casos las Juntas Examinadoras, en el ejercicio de sus facultades conferidas por ley, tendrán el deber de estudiar en forma individual la solicitud de un aspirante que tiene antecedentes penales y determinar su elegibilidad, tomando en consideración:

1) los requisitos de ley,

2) la naturaleza del delito, si envuelve depravación moral o alguna cuestión de seguridad pública y

3) si el aspirante disfruta del beneficio de sentencia probatoria o libertad bajo palabra.

(Agosto 5, 1991, Núm. 41; Adicionado en el 2002, Núm. 4)

Art. 8.- Prohibición a Delegar la Facultad de Reglamentar Requisitos de Educación Continua. (20 L.P.R.A. sec. 17)

La facultad de toda Junta Examinadora, adscrita al Departamento de Estado, de establecer mediante reglamento los requisitos de educación continua, no podrá ser delegada.

Asimismo, será deber indelegable de toda Junta Examinadora, adscrita al Departamento de Estado, el certificar como proveedores a aquellas instituciones educativas, asociaciones o colegios profesionales, y a cualquier otra entidad que ofrezca educación continua pertinente a las profesiones reglamentadas por dichas Juntas.

La Secretaría Auxiliar de Juntas Examinadoras del Departamento de Estado deberá establecer un Reglamento General para Educación Continua que servirá como guía a las Juntas en la preparación de sus reglamentos específicos por profesión. Este Reglamento general deberá incluir los requisitos básicos a evaluar, que cada Junta utilizará en sus procesos de certificación de proveedores.

El Reglamento General deberá contener, además, disposiciones que contemplen situaciones ajenas al profesional que acude ante su respectiva Junta Examinadora, como lo es la falta de miembros en la Junta. Además, el Reglamento General deberá disponer sobre el rol que deberán asumir los Colegios o Asociaciones Profesionales que representen a los distintos grupos de profesionales licenciados, al momento de las Juntas Examinadoras acreditar a los proveedores de educación continua. Dicho rol será uno de participación activa en la evaluación de la reglamentación de la educación continua de la clase profesional que representan, siempre que dichos Colegios o Asociaciones Profesionales cuenten con divisiones o departamentos de educación continua. Las Juntas deberán tomar en consideración los planteamientos de los Colegios o Asociaciones Profesionales durante la formulación de los Reglamentos Específicos.

El Reglamento General deberá proveer que, el estar acreditado por cualquier cuerpo acreditador de la educación superior no será requisito indispensable para ser certificado como proveedor. Asimismo, deberá disponer que la certificación como proveedores de educación continua, tendrá una vigencia de cinco (5) años.
(Agosto 5, 1991, Núm. 41; Adicionado en Diciembre 12, 2007, Núm. 189, art. 1; Agosto 4, 2008, Núm. 152, art. 1.)

Notas Importantes:
Enmiendas
-2008, ley 152 –Esta ley enmienda este artículo 8 e incluye los siguientes artículos relacionados:

Artículo 2.- Las instituciones educativas, asociaciones y colegios profesionales, compañías o entidades que al momento de entrar en vigor esta Ley sean proveedores de educación continua, mantendrán su status de proveedores por un término de cinco (5) años a partir de la vigencia de la Ley, siempre y cuando, soliciten a la Junta Examinadora correspondiente que les certifique como proveedor. La institución educativa, asociación o colegio profesional, compañía o entidad deberá presentar evidencia de que al momento de la entrada en vigor de esta Ley, era proveedora de dichos servicios. Las Juntas Examinadoras deberán, a su vez notificar a los proveedores de la necesidad de solicitar un certificado que se atempere a lo dispuesto en este Artículo. Luego de transcurrido el término de cinco (5) años los proveedores de educación continua deberán someterse al proceso de renovación que disponga el Reglamento General y los reglamentos particulares de cada Junta Examinadora.

Artículo 3.- La Secretaría Auxiliar de Juntas Examinadoras del Departamento de Estado tendrá un término de un (1) año para desarrollar, aprobar e implementar el Reglamento General dispuesto en esta Ley.

Las Juntas Examinadoras tendrán un término de un (1) año, desde la divulgación del Reglamento General para Educación Continua para desarrollar, aprobar e implementar el reglamento particular de la Junta dispuesto en esta Ley.

Hasta que sea aprobado el reglamento particular de cada Junta, los procedimientos y reglamentos de la educación continua de cada clase profesional, vigente al 12 de diciembre de 2007, regirán hasta que los nuevos sean aprobados.

Artículo 4.- Si cualquier disposición de esta Ley fuere declarada inconstitucional, ilegal o nula por un tribunal competente y con jurisdicción, dicha determinación no afectará o invalidará las disposiciones restantes de esta Ley, y el efecto de tal declaración se limitará únicamente al artículo, párrafo, oración o frase declarada inconstitucional, ilegal o nula.

Artículo 5.- Cualquier disposición anterior a la vigencia de esta Ley que contravenga el sentido de ésta, debe entenderse derogada.

Artículo 6.- Esta Ley comenzará a regir inmediatamente después de su aprobación.

-2007, ley 189 – Esta ley adiciona el artículo 8 a esta ley e incluye los siguientes artículos relacionados:

Artículo 2.- Las instituciones educativas, asociaciones y colegios profesionales, compañías o entidades que ofrezcan cursos de educación continua al momento de entrar en vigor esta Ley, mantendrán su estatus de proveedores de dichos cursos por un termino de cinco (5) años a partir de la vigencia de la Ley, siempre y cuando soliciten a la Junta Examinadora correspondiente que les certifique como proveedor. Para esto, la institución educativa, asociación o colegio profesional, compañía o entidad que ofrezca cursos de educación continua deberá presentar evidencia de que al momento de la entrada en vigor de esta Ley, era proveedora de dichos servicios. Las Juntas Examinadoras deberán, a su vez, notificar a los proveedores de la necesidad de solicitar un certificado que se atempere a lo dispuesto en este Artículo.

Artículo 3.- Cualquier disposición anterior a la vigencia de esta Ley que contravenga el sentido de ésta, debe entenderse derogada.

Artículo 4.- La Secretaría Auxiliar de Juntas Examinadoras del Departamento de Estado tendrá un término de un (1) año para desarrollar, aprobar e implementar el Reglamento dispuesto en el Artículo 2 de esta Ley.

Las Juntas Examinadoras tendrán un término de un (1) año, desde la divulgación del Reglamento General para Educación Continua para desarrollar, aprobar e implementar el reglamento dispuesto en el Artículo 2, de esta Ley.

Artículo 5.- Esta Ley comenzará a regir inmediatamente después de su aprobación.

Ley para la Administración de Exámenes de Reválida en el Estado Libre Asociado de Puerto Rico.
Ley Núm. 107 de 10 de abril de 2003.

Artículo 1.-Título: (20 L.P.R.A. sec. 21 et seq.)

Esta Ley se conocerá como la "Ley para la Administración de Exámenes de Reválida en el Estado Libre Asociado de Puerto Rico".

(Abril 10, 2003, Núm. 107, art. 1, efectivo 30 días después de su aprobación.)

Artículo 2.-Reglamentación: (20 L.P.R.A. sec. 21)

Las Juntas Examinadoras adscritas a la Rama Ejecutiva del Estado Libre Asociado de Puerto Rico que administren y requieran la aprobación de exámenes de reválida para el ejercicio profesional en el Estado Libre Asociado de Puerto Rico deberán proveerle a los aspirantes, por lo menos dos (2) meses antes de la fecha del examen, la información y los documentos que se describen a continuación:

a. Una notificación de examen de reválida que deje constancia de la entidad que preparará y administrará el examen, la fecha, la duración, el horario y las instrucciones a seguir durante la administración del examen.

b. Un manual del aspirante que incluya las normas, reglas de conducta y los procedimientos que regirán la administración del examen de reválida. Además, se incluirá una descripción sucinta de la profesión, los requisitos en ley para su ejercicio, el proceso de licenciamiento y el propósito del examen de reválida. También, contendrá una descripción detallada del contenido del examen que incorpore el número total de preguntas y su naturaleza; el valor aproximado de cada pregunta o parte, y si dicho valor dependerá de un ejercicio de calibración; la metodología de su preparación; el diseño y la relación de preguntas; la forma de contestar las preguntas de selección múltiple o las preguntas de discusión si las hubieran; la nota de pase; el idioma en que se administrará el examen de reválida y si es posible contestarlo en los idiomas español o inglés, con independencia del idioma en que esté redactado el examen. Además, se incluirán las directrices que regulen los casos en que los aspirantes tengan que abandonar el examen o una de sus partes, haciéndose la salvedad de que si el aspirante no puede concluir el examen por razón de una emergencia médica, podrá solicitar que no se le cuente el examen, acompañando, su solicitud con una certificación médica que incluya información a esos efectos. También, se escribirán las conductas prohibidas durante la administración del examen, más allá de aquellas que prohíben las leyes del Estado Libre Asociado de Puerto Rico. Se incluirá una notificación sobre la disponibilidad de botiquines de primera ayuda y personal paramédico en el lugar en donde se administrará el examen, además de indicarle el procedimiento a seguir en caso de una emergencia general, como incendio o terremoto.

c. Se entregará a los aspirantes una Tabla de Especificaciones con el índice de materias y temas a ser examinados durante la reválida. La totalidad de las materias a examinarse deberán constar en la tabla de especificaciones.

d. El manual del aspirante deberá incluir el procedimiento a seguirse para solicitar la revisión del examen de reválida en caso de reprobar el mismo. En dicho proceso, los aspirantes podrán inspeccionar copia de la guía de corrección utilizada para corregir sus preguntas de discusión y copia de las respuestas que redactaron. En el caso de las preguntas de selección múltiple, se entiende que por ser parte de un banco de preguntas que pueden ser utilizadas nuevamente, no se entregue copia a los aspirantes, y sólo se les entregue una relación numérica de las preguntas, las respuestas acertadas, las contestaciones del aspirante y su puntuación, con la finalidad de que puedan verificar si su hoja de contestación fue corregida correctamente. El costo total de solicitar la revisión de un examen no podrá ser mayor a la mitad del costo de tomar el examen nuevamente.

e. Se indicará cuándo se notificarán los resultados del examen. Además, se incluirá una explicación del procedimiento, los aranceles, documentos e información requerida para licenciarse luego de aprobada la reválida. Finalmente, se presentarán unas guías generales que recomienden al aspirante la manera de prepararse para el examen.

(Abril 10, 2003, Núm. 107, art. 2, efectivo 30 días después de su aprobación.)

Artículo 3.-Horario para la administración del examen: (20 L.P.R.A. sec. 22)

El examen no podrá iniciar previo a las 8:00 a.m., ni culminar luego de las 3:00 p.m., con la excepción de los casos en que se conceda un acomodo razonable. Si el examen es en inglés o cualquier otro idioma distinto al español, tal variable deberá ser considerada en la determinación del tiempo para contestar cada una de sus partes, en atención al posible rezago que puedan sufrir algunos aspirantes en el dominio de dicho idioma. Tal proceso de consideración deberá ser hecho por especialistas en medición y con respeto a la integridad del examen. Se exceptúan de la consideración temporal aquellos exámenes que por convenios o acuerdos de reciprocidad requieran uniformidad.

(Abril 10, 2003, Núm. 107, art. 3, efectivo 30 días después de su aprobación.)

Artículo 4.-Cláusula de separabilidad:

Si uno o varios artículos de esta Ley fueran declarados inconstitucionales por un Tribunal con jurisdicción, permanecerán en vigor los demás Artículos a los que no se refiera la sentencia del Tribunal donde se determina tal inconstitucionalidad.

(Abril 10, 2003, Núm. 107, art. 4, efectivo 30 días después de su aprobación.)

Artículo 5.-Vigencia:

Esta Ley entrará en vigor treinta (30) días después de su aprobación.

(Abril 10, 2003, Núm. 107, art. 5, efectivo 30 días después de su aprobación.)

Ley para disponer que los aspirantes a tomar el examen de reválida de todas las profesiones que así lo requieran, tendrán oportunidades ilimitadas para tomar y aprobar los mismos.
Ley Núm. 88 de 26 de julio de 2010, según enmendada.

Artículo 1.- [Oportunidad Ilimitada] (20 L.P.R.A. sec. 23-a)

Se crea la Ley para disponer que los aspirantes a tomar el examen de reválida de todas las profesiones que así lo requieran, tendrán oportunidades ilimitadas para tomar y aprobar los mismos.

(Julio 26, 2010, Núm. 88. art. 1.)

Artículo 2.- [Requisitos y Condiciones] (20 L.P.R.A. sec. 23-b)

Cada Junta Examinadora establecerá los requisitos y condiciones para maximizar las probabilidades de aprobar la reválida por los candidatos que hayan fracasado en más de cinco ocasiones. Estas pueden incluir educación formal adicional en las áreas a ser evaluadas, educación continua, repasos o cursos remediativos por entidades aprobadas por la Junta u otras estrategias que la Junta estime pueda ayudar al candidato.

(Julio 26, 2010, Núm. 88. art. 2.)

Artículo 3.- [Excepción] (20 L.P.R.A. sec. 23-c)

Las disposiciones de esta Ley no serán de aplicación a la profesión de la abogacía. No obstante lo anterior, se le solicita al Tribunal Supremo de Puerto Rico que tome conocimiento de la intención legislativa plasmada en esta Ley y evalué sus normas y reglamentos de la Junta Examinadora de Aspirantes al Ejercicio de la Abogacía, para que determine si es prudente que los aspirante a tomar el examen de reválida de la abogacía tengan oportunidades ilimitadas de tomar y aprobar la misma.

(Julio 26, 2010, Núm. 88. art. 3; Agosto 22, 2012, Núm. 193, art. 1, enmienda este artículo en términos generales.)

Artículo 4.- [Vigencia]

Esta Ley entrará en vigor inmediatamente después de su aprobación.

(Julio 26, 2010, Núm. 88. art. 4.)

Ley del Profesional Combatiente.
Ley Núm. 8 de 20 de enero de 2010

Artículo 1.- Para crear la Ley que se conocerá como "Ley del Profesional Combatiente". (25 L.P.R.A. sec. 3011 et seq.)

El propósito que persigue esta Ley es que todo profesional licenciado, cuya profesión le exija como requisito para ejercer la colegiación compulsoria, no se vea afectado en sus derechos y privilegios como licenciado o colegiado, por ser miembro de los Servicios Uniformados de los Estados Unidos, empleado civil del Cuerpo de Ingenieros del Ejército de los Estados Unidos, del Sistema Médico Nacional contra Desastres o de la Guardia Estatal, y haber sido llamado a servicio activo.

(Enero 20, 2010, Núm. 8, art. 1.)

Artículo 2.- Definiciones (25 L.P.R.A. sec. 3011)

Para propósitos de esta Ley, los siguientes términos tendrán el significado que a continuación se expresan:

(a) "Componentes de Reserva de la Fuerzas Armadas" - significará la Guardia Nacional-rama terrestre ("Army National Guard"), Reserva del Ejército ("Army Reserve"), Reserva de la Marina ("Navy Reserve"), Reserva del Cuerpo de Infantería de Marina ("Marine Corps Reserve"), Guardia Nacional-rama aérea ("Air National Guard"), Reserva de la Fuerza Aérea ("Air Force Reserve") y Reserva de la Guardia Costanera ("Coast Guard Reserve")(U.S. Code Title 10, Sec.1001,(1)(2)(3)(4)(5)(6)(7). Incluye además aquellas personas en la Reserva Individual ("Individual Ready Reserve") cuando se ordene su reactivación luego de haberse licenciado según dispuesto en "U.S. Code Title 10. Sec. 10144.1234".

(b) "Emergencia de seguridad estatal" - significará aquella situación de peligrosidad para la seguridad estatal, declarada como tal por el Gobernador, que de manera imprevista y repentina acontece dentro de los límites territoriales estatales.

(c) "Emergencia de seguridad nacional doméstica" - significará aquella situación de peligrosidad para la seguridad nacional, declarada como tal por el Presidente de los Estados Unidos, imprevista y repentina que acontece dentro de los límites territoriales de los Estados Unidos.

(d) "Emergencia de seguridad nacional internacional" - significará aquella situación de peligrosidad para la seguridad nacional, declarada como tal por el Presidente de los Estados Unidos, imprevista y repentina que acontezca fuera de los límites territoriales de los Estados Unidos.

(e) "Fuerzas activas" - significará el componente regular a tiempo completo de los Servicios Uniformados de los Estados Unidos.

(f) "Fuerzas Armadas" - significará los cinco (5) componentes armados de los servicios uniformados de los Estados Unidos: Ejército ("Army"); Marina ("Navy"); Fuerza Aérea ("Air Force"); Cuerpo de Infantería de Marina ("Marine Corps");y Guardia Costanera ("Coast Guard"); con sus Componentes de Reserva según descritos en el inciso (a) del presente Artículo, incluyendo la Guardia Nacional, tanto terrestre ("Army National Guard") como aérea ("Air National Guard") cuando es activada por el Presidente de los Estados Unidos, según dispuesto en (US Code Title 10, Sec.101, US Code Title 32, Sec.101). Los miembros de los otros dos servicios uniformados, que no son armados, entiéndase tanto los oficiales comisionados como los oficiales de nombramiento administrativo ("warrant officers") del Cuerpo de la Administración Nacional de Oceanografía y Atmósfera ("Corps of the National Oceanic and Atmospheric Administration –NOAA") y del Cuerpo Comisionado del Servicio de Salud Pública de los Estados Unidos ("U.S. Public Health Service (PHS) Commissioned Corps") se considerarán como que les aplica esta definición al ser movilizados, activados e integrados por el Presidente de los Estados Unidos en las Fuerzas Armadas. Para propósitos de esta Ley, se incluye, además, aquellos empleados civiles del Cuerpo de Ingenieros de la Armada de los Estados Unidos, así como los empleados activados del Sistema Médico Nacional contra Desastres ("National Disaster Medical System-NDMS") que sean activados a participar en misiones en apoyo a los servicios uniformados.

(g) "Guardia Estatal" - significa el cuerpo militar voluntario organizado estatalmente por diversas jurisdicciones americanas, entre ellas Puerto Rico. Para fungir como la milicia autorizada. Presta apoyo de seguridad y de servicios de salud a la Guardia Nacional en activaciones ordenadas por el Gobernador o sustituye parcial o totalmente a la Guardia Nacional si la misma fuese activada por orden del Presidente de los Estados Unidos. Provee al Gobernador de una fuerza entrenada y siempre disponible para atender emergencias de seguridad doméstica y hacer labores de manejo de desastre ante situaciones originadas exclusivamente en los límites territoriales estatales.

(h) "Manejo de desastre" - significa aquellas labores de seguridad, rescate y apoyo de rescate en una región declarada por el Presidente de los Estados Unidos como zona de desastre o en un territorio extranjero.

(i) "Militar" - significará cualquier miembro en funciones de aquellos componentes y cuerpos incluidos en los incisos (a), (f), (g) y (l) del presente Artículo.

(j) "Misiones humanitarias" - significará aquellas misiones en el extranjero de ayuda a poblaciones con problemas de salud e infraestructura que amenazan la existencia de la vida humana en dichas áreas.

(k) "Misiones de mantenimiento de paz y estabilización" - significará aquellas misiones en el extranjero para hacer cumplir compromisos y acuerdos internacionales de cese de hostilidades; separar y armonizar bandos en conflicto, manteniendo el orden, haciendo posible el renacer y desarrollo de un país tras la terminación de una insurrección o guerra civil.

(l) "Servicios Uniformados" - significará los siete servicios uniformados de los Estados Unidos: Ejército ("Army"); Marina ("Navy"); Fuerza Aérea ("Air Force"); Cuerpo de Infantería de Marina ("Marine Corps"); Guardia Costanera ("Coast Guard"); el Cuerpo de la Administración Nacional de Oceanografía y Atmósfera ("Corps of the National Oceanic and Atmospheric Administration –NOAA Corps") y el Cuerpo Comisionado del Servicio de Salud Pública de los Estados Unidos ("U.S. Public Health Service (PHS) Corps") según dispuesto en *(U.S. Code Title 10, Sec.101, (5) (A) (B) (C))*.

(m) "Teatro de operaciones" - significará una región escenario de operaciones militares activas donde tras el inicio de hostilidades, se conducen operaciones de combate, apoyo de combate y labores de apoyo fuera de la zona bélica en áreas así designadas como tal por el Presidente de los Estados Unidos; incluye tanto zona(s) de combate como zona(s) de comunicaciones (de no combate).

(n) "Zona de desastre" - significará una región declarada como tal por el Presidente de los Estados Unidos, donde se conducen labores de seguridad, rescate y apoyo de rescate y construcción de facilidades.

(Enero 20, 2010, Núm. 8, art. 2.)

Artículo 3.- [Requisitos de Formularios e informes] (25 L.P.R.A. sec. 3012a)

Todo personal miembro de los Servicios Uniformados, así como empleados civiles del Cuerpo de Ingenieros, del Sistema Médico Nacional contra Desastre o miembro de la Guardia Estatal que ejerza en Puerto Rico alguna profesión u oficio que exija como requisito para ejercerla una licencia emitida por la autoridad competente, cuya colegiación sea compulsoria, o que requiera llenar algún formulario o informe periódico y que sea movilizado(a) en o fuera de Puerto Rico y activado(a) para atender contingencias extraordinarias, tales como: emergencia de manejo de desastres; de seguridad estatal, seguridad nacional doméstica o internacional; misiones de mantenimiento de paz y estabilización; misiones humanitarias o bien como parte de un esfuerzo de guerra sostenido en uno o más teatros de operaciones, estará exento del pago de la cuota de colegiación por el período durante el cual se encuentre activo ni le aplicará penalidad alguna por el no pago de dicha cuota.

Asimismo, no se le podrá imponer penalidad alguna por presentar tardíamente informes o la documentación necesaria para renovar sus licencias ante la Junta Examinadora o Colegio correspondiente, siempre que presente la razón eximente ante la Junta Examinadora o Colegio correspondiente, no más tarde de sesenta (60) días después del vencimiento de su orden militar.

(Enero 20, 2010, Núm. 8, art. 3.)

Artículo 4.- [Excepción] (25 L.P.R.A. sec. 3012b)

Todo profesional enumerado en el Artículo 3 de esta Ley, a su regreso a Puerto Rico o al terminar el período de activación estatal, se le aplicará una exención de una tercera (1/3) parte del total de la cuota de colegiación en su próxima anualidad.

(Enero 20, 2010, Núm. 8, art. 4.)

Artículo 5.- [Excepción] (25 L.P.R.A. sec. 3012c)

El (la) profesional colegiado(a) que se encuentre fuera de Puerto Rico prestando servicios en las Fuerzas Activas de manera regular, que no se encuentre en los escenarios descritos en el Artículo 3 de esta Ley, será eximido del pago de una tercera (1/3) parte de la cuota de colegiación para mantener vigente la certificación para el ejercicio de la profesión en Puerto Rico.

(Enero 20, 2010, Núm. 8, art. 5.)

Artículo 6.- [Exención de Educación Continua] (25 L.P.R.A. sec. 3013)

Todo (a) profesional colegiado(a) miembro de los Componentes de Reserva de las Fuerzas Armadas y de las Fuerzas Activas en servicio activo regular que se encuentre fuera de Puerto Rico por un periodo mayor a un año, estará exento de cumplir con los requisitos de educación continuada durante ese periodo. Así mismo, todo(a) profesional colegiado(a) miembro de la Guardia Estatal en servicio activo estatal estará exento(a) de cumplir con los requisitos de educación continuada durante ese periodo. Cuando se requiera cumplir con un determinado número de créditos en un intervalo de tiempo, se programarían los créditos por año, de manera tal que no se contará el tiempo en el que el (la) profesional estuvo activo.

(Enero 20, 2010, Núm. 8, art. 6.)

Artículo 7.- [Documentos como evidencia] (25 L.P.R.A. sec. 3014)

Constituye evidencia de servicio, la presentación conjunta de los siguientes documentos, en original:

(1) La identificación militar.

(2) Documento de otorgación de cualquier condecoración o citación otorgada, si alguna aplica, por haber realizado el servicio o que por sí conlleve haber estado en servicio activo, durante las fechas concernidas.

(3) El formulario de servicio DD-214 (Formulario del Departamento de la Defensa 214) o NG22 (Formulario de la Guardia Nacional 22).

(4) La Verificación de Despliegue del Comandante ("Commander's Verification of Deployment").

(5) Copia de la Orden de Personal ("Official Personel Orders");

(6) Órdenes Permanentes de Cambio de Asignación ("Permanent Change of Station Orders-PCS Orders").

Será aceptable, además, como evidencia de elegibilidad, una carta de recomendación certificada por los componentes y cuerpos incluidos en los incisos (a), (f), (g) y (l) del Artículo 2, señalando que el militar, en efecto, cumple con los requisitos para acogerse a las disposiciones de cualquiera de los Artículos de esta Ley.

(Enero 20, 2010, Núm. 8, art. 7.)

Artículo 8.- [Conflictos entre leyes] (25 L.P.R.A. sec. …)

Esta Ley deberá interpretarse en la forma más amplia y beneficiosa para el (la) colegiado(a). Se entiende, además, que todo derecho reconocido por esta Ley se concederá además de cualquier otro dispuesto por ley. En caso de conflicto entre las disposiciones de esta Ley y cualquier otro estatuto vigente, prevalecerán aquéllas que resultaren ser más favorables para el (la) profesional colegiado(a).

(Enero 20, 2010, Núm. 8, art. 8.)

Artículo 9.- [Reglamentación, Formularios e Informes] (25 L.P.R.A. sec. 3015)

Para facilitar la implementación de esta Ley, se autoriza a todo colegio de profesionales establecido bajo las leyes de Puerto Rico, cuya membresía sea obligatoria para el ejercicio de la profesión u oficio y conlleve pago de

cuota compulsoria, o conlleve la obligación de llenar determinados formularios, rendir informes o cumplir con requisitos de cierto número de créditos en determinado tiempo, a adoptar cualquier reglamento necesario para otorgar los beneficios dispuestos en la misma y difundir a toda la ciudadanía la disponibilidad de dichos beneficios. Asimismo, toda Junta Examinadora, o Colegio de una profesión u oficio colegiado, habrá de adoptar la reglamentación necesaria para que las exenciones dispuestas en esta Ley sean tomadas en cuenta durante el proceso de la renovación de la licencia o de los requisitos para mantenerse al día, según lo disponga su profesión u oficio.
(Enero 20, 2010, Núm. 8, art. 9.)

Artículo 10.- [Penalidad] (25 L.P.R.A. sec. 3016)
Cualquier persona natural o jurídica que intencionalmente viole o en cualquier forma niegue o entorpezca el disfrute de cualquiera de los beneficios concedidos por esta Ley incurrirá en delito y, convicta que fuere, será castigada con multa que no será menor de mil (1,000) dólares ni mayor de cinco mil (5,000) dólares. La sentencia del Tribunal deberá disponer, además, que se le conceda, sin dilación al (la) colegiado(a), los beneficios concedidos por esta Ley. Las personas naturales o jurídicas, tanto del sector público como privado, que obstruyan o actúen de forma tal que afecten los derechos de los beneficiarios de esta Ley serán responsables por los daños que ocasionen, incluyendo el pago de honorarios de abogados, y a discreción del Tribunal, se podrá imponer una indemnización de hasta el triple de los daños que se ocasionen.
(Enero 20, 2010, Núm. 8, art. 10.)

Artículo 11.- [Excepción] (25 L.P.R.A. sec. 3017)
Se eximen a las Juntas Examinadoras de las disposiciones de la Ley Núm. 170 de 12 de agosto de 1988, según enmendada, conocida como la "Ley de Procedimiento Administrativo Uniforme del Estado Libre Asociado de Puerto Rico", referentes a los términos para formular los reglamentos necesarios para la implementación de esta Ley.
(Enero 20, 2010, Núm. 8, art. 11.)

Artículo 12.- [Cláusula de Salvedad]
Si cualquier cláusula, párrafo, subpárrafo, artículo, disposición, sección o parte de esta Ley fuere anulada o declarada inconstitucional, la sentencia a tal efecto dictada no afectará, perjudicará ni invalidará el resto de esta Ley. El efecto de dicha sentencia quedará limitado a la cláusula, párrafo, subpárrafo, artículo, disposición, sección o parte de la misma que así hubiere sido anulada o declarada inconstitucional.

(Enero 20, 2010, Núm. 8, art. 12.)

Artículo 13.- [Vigencia]

Esta Ley entrará en vigor inmediatamente después de su aprobación. En cuanto a los reglamentos dispuestos en la misma, éstos deberán ser adoptados y aprobados dentro de los ciento ochenta (180) días siguientes a la aprobación de esta Ley.

(Enero 20, 2010, Núm. 8, art. 13.)

Reg. 8455 Reglamento para el Funcionamiento de la Junta Examinadora de Peritos Electricistas.

Estado Libre Asociado De Puerto Rico
Departamento de Estado
Secretaria Auxiliar de Juntas Examinadoras

Número: 8455
Fecha: 14 de marzo de 2014
Aprobado: Hon. David E. Bernier Rivera
Secretario de Estado

[Firma Omitida]
Francisco J. Rodríguez Bernier
Secretario Auxiliar de Servicios

ARTICULO I: BASE LEGAL

La Junta se crea y funciona en virtud de la Ley 115 del 2 de junio de 1976 según enmendada. Entre los deberes y facultades de la Junta que por esta Ley se crea, en el artículo 5 inciso (d), se establece que la Junta" Adoptará un Reglamento para su funcionamiento de conformidad con los requerimientos establecidos en la Ley Número 170 de 12 de agosto de 1988 según enmendada.

ARTICULO II: TITULO

Este Reglamento se conocerá y podrá ser citado como; **Reglamento para el Funcionamiento de la Junta Examinadora de Peritos Electricistas de Puerto Rico.**

ARTICULO III: DEFINICIONES

Para los fines de este Reglamento, a los vocablos y frases que se exponen a continuación se les dará el significado y alcance que para cada uno se exprese:

A. Junta- Junta Examinadora de Peritos Electricistas de Puerto Rico.

B. Miembro- Miembros de la Junta Examinadora de Peritos Electricista de Puerto Rico.

C. Colegio- Colegio de Peritos Electricistas de Puerto Rico, Ley 131.

D. Ley Núm.115- Ley Núm. 115 del 2 de junio de 1976, Según enmendada, Que crea la Junta Examinadora De Peritos Electricistas de Puerto Rico.

E. Aprendiz de Perito- Persona no diestra autorizada por la Junta Examinadora de Peritos Electricistas para trabajar bajo la supervisión de un Perito Electricistas, Colegiado, ayudándolo y auxiliándole en su profesión.

F. Ayudante de Perito Electricistas- Una persona diestra, autorizada por la Junta Examinadora de Peritos Electricistas, para trabajar bajo la supervisión, de Perito Electricista, Colegiado, ayudándolo y en su Profesión.

G. Perito Electricista- Persona autorizada por la Junta Examinadora de Peritos Electricista para ejercer la profesión.

H. Reglamento de la Junta- Reglamento para el funcionamiento de la Junta Examinadora de Peritos Electricistas.

I. Reglamento de Procedimiento Adjudicativo- Reglamento para el funcionamiento de la Junta Examinadora de Peritos Electricistas de Puerto Rico.

J. Reglamento de Derechos a Pagar- Reglamento de Derechos a Pagar por Servicios de las Juntas Examinadora Adscritas al Departamento de Estado, Según enmendado, Reglamento Numero 4660 de 6 de Marzo de 1992.

K. Reglamento de Procedimiento Uniforme- Reglamento de Procedimiento Uniforme Para la concesión de Licencias renovación de Licencias y Acciones similares de las Juntas Examinadoras Adscritas al Departamento de Estado según enmendado, Reglamento 4156 del de 1 de Marzo de 1990.

L. Reglamento para Uniformar los Procesos- Reglamento para Uniforme de los Procesos de Administración de Exámenes de las Juntas Examinadoras Adscritas al Departamento de Estado Reglamento Número 6711 del 15 de Octubre de 2003.

M. Reglamento 7963 Reglamento General De Educación Continua de las Juntas Examinadoras Adscritas al Departamento de Estado. Reglamento Núm. 7963 del 22 de diciembre de 2010.

N. Ley Número 41- Ley Número 41 del 5 de Agosto de 1991, según Enmendada; Ley para Regular la Relación Entre el Departamento de Estado y las Juntas Adscritas a este:

O. Ley Número 107- Ley Número 107 de 10 de abril de 2003, Ley Para la Administración de Exámenes Revalida en el Estado Libre Asociado de Puerto Rico.

P. Ley Número 170- Ley Número 170 de 12 de agosto de 1988, según enmendada; Ley de Procedimiento Administrativo Uniforme.

Q. Ley núm. 284-2011- Ley para establecer que los requisitos educativos en Puerto Rico sean medidos, acreditados, licenciados y aprobados en créditos y en horas, por cualquier entidad u organismo regulador o acreditador de las distintas profesiones y oficios.

R. Mayoría Simple- La mitad más uno ele los miembros presentes.

S. Mayoría-absoluta- Más de la mitad del total de los miembros.

T. Mayoría Extraordinaria- Dos terceras (2/3) partes del total ele los miembros.

U. Instalación Eléctrica- La colocación de materiales, equipos o Artefactos eléctricos realizado con el Propósito de utilizar energía eléctrica.

V. Procedimiento Manual por el cual se rige la discusión y debate de los Parlamentario- trabajos de la Junta (Reese Bothwell).

ARTICULO IV: PROPOSITOS

A. Disponer para el funcionamiento interno de la Junta, de manera que consiga la discusión libre y ordenada, además ele la economía de tiempo en la atención y disposición de los asuntos bajo la consideración de la Junta.

B. Establecer las normas y las reglas necesarias para poder autorizar la implementación de la organización de sistemas de inspectores al Colegio.

C. Establecer los requisitos necesarios para la confección de los blancos apropiados para la solicitud ele licencia de Aprendiz, Ayudante y Perito Electricista.

ARTICULO V: APLICABILIDAD

Este Reglamento será aplicable a cada uno de los miembros de la Junta y a todo Perito, Ayudante y Aprendiz de Perito Electricista.

ARTICULO VI: ORGANIZACION

A. La Junta estará compuesta por nueve (9) Perito Electricistas, debidamente autorizada por "Ley para ejercer la profesión" los cuales deberán ser miembros del Colegio.

B. En caso de renuncia, el miembro debe dirigirse al Honorable Gobernador de Puerto Rico a través de la Junta. La Junta enviará la renuncia al Honorable Gobernador para su consideración.

C. En caso de cinco (5) ausencias consecutivas sin justificación, o cualquier acto Indebido por parte de un miembro de la Junta, ésta podrá hacer una amonestación por escrita a la persona.

D. En caso de que un miembro no cumpla con el **Artículo VI(C)** de éste reglamento la Junta evaluará y esta recomendará la destitución de este al Gobernador.

ARTICULO VII: DEBERES DE LA JUNTA

A. Seleccionar un Presidente, Vice-Presidente y un Secretario de Actas de entre sus miembros.

B. Adoptar un Reglamento para su Funcionamiento.

C. Asesorar y orientar a las instituciones educativas públicas y privadas del país. Que lleven a cabo cursos adiestramientos que estén a la par con los adelantos tecnológicos de la profesión y que cumplen con los requisitos de horas contactos o horas créditos mínimas de adiestramiento.

D. Asesorar a las instituciones educativas públicas y privadas del país a la confección del contenido curricular, libros de textos y el equipo necesario en los talleres de las Instituciones para garantizar la práctica de la profesión.

E. Asesorar al Colegio de Peritos Electricista en el programa de educación continua con el Propósito de evaluar las materias, contenido, duración y los recursos utilizados en la implementación de estos. Además se asegurara que el Colegio Profesional y otras instituciones que ofrezcan cursos de educación continua, cumplen con el Reglamento general educación continua de las Juntas Examinadoras adscritas al Departamento de Estado (Reglamento 7963).

F. Examinar aquellas personas que soliciten licencia y cualifiquen para ello de acuerdo a lo dispuesto en la Ley 115 del2 de junio de 1976.

G. Llevará un registro oficial de las Licencias expedidas y un libro de actas de las secciones o reuniones ordinarias y extraordinarias que se celebren, las cuales deben estar validadas con la firma de cada miembro asistente y la fecha de cada reunión.

H. Investigar las violaciones a la Ley que regula la Profesión de Perito Electricista.

I. Denegará, suspenderá o revocará Licencias en violación a esta Ley.

J. Someter al (la) Gobernador(a) un informe anual de sus asuntos oficiales con la aprobación de 2/3 partes de la Junta.

K. Someter al Colegio de Peritos Electricista un listado de las personas que apruebe los exámenes de reválida.

L. Se establecen los siguientes requisitos para el Proctor:

1- N o podrá ser maestro de escuela pública o privada de electricista, o haber sido miembro de la Junta examinadora ni Presidente de el Colegio de Peritos Electricistas.

2- Resume

3- Certificado de salud.

4- Dos fotografías 2x2.

5- Será Proctor por el tiempo que disponga la Junta.

6- La Junta pasara juicio sobre las calificaciones de cada uno de los Proctors.

7- Presentar certificado de antecedentes penales.

ARTICULO VIII: DEBERES DE LOS MIEMBROS DE LA JUNTA

A Asistir a todas las reuniones de la Junta con puntualidad.

B. De no poder asistir a alguna reunión establecida en el calendario o reunión extraordinaria deberá excusarse por escrito y o llamada telefónica con el Presidente de la Junta en caso de no poder contactar al Presidente deberá referir el documento escrito al vicepresidente, Secretario o a los Oficiales de la Junta del Departamento de Estado Junta Examinadora de Peritos Electricistas.

C. Los miembros de la Junta cumplirán con los pagos de cuota de colegiación cursos de educación continúa y el pago de Cualquier otras deudas al Colegio y/o entidades Gubernamentales o privadas o públicas.

D. Desempeñar los deberes asignados por el Presidente o por la Junta en pleno.

E. Conocer los requisitos legales para el otorgamiento de licencias.

F. Imparcialidad en la redacción y calificación de los exámenes y en todos los asuntos que sean sometidos ante su consideración.

G. Cumplir con cualquier otro deber que sea necesario para el mejor funcionamiento de la Junta.

H. Se establece el procedimiento de redacción y coordinación para la confección del examen teórico con los recursos disponibles por el Departamento de Estado con la aprobación previa de la Junta.

l. Cada examinador someterá un mínimo de 25 pregunta del área asignada por el Presidente de la Junta, las cuales serán discutidas y aprobadas en reunión ordinaria o extraordinaria por la Junta.

2. Ningún miembro de esta Junta someterá preguntas sin la debida discusión, revisión y la aprobación de los miembros de esta Junta.

3. Las preguntas serán discutidas, aprobadas por la Junta y en presencia de los miembros se Colocarán en un sobre, Pen Drive o documento escrito con todas las preguntas y cada uno de los miembros se asegurará de que el mismos este sellado y firmado en su exterior por cada miembro presente.

4. El sobre sellado será entregado a la corporación encargada para la preparación y administración del examen teórico con un documento de trámite. De no haber un representante de la corporación que administra el examen se le entregara a la división de exámenes del Departamento de Estado los cuales serán responsable de hacerles llegar el documento a la corporación o entidad.

5. La corporación que administra el examen al igual que el Departamento de Estado no recibirán ningún documento de preguntas de ningún miembro después de la entrega de preguntas a menos que el Presidente de la Junta Examinadora de Peritos Electricistas autorice a que se reciba el documento, esta certificación deberá ser por escrito.

I. La Junta aprobará los resultados de examen práctico luego de finalizar el mismo en cada revalida que se lleve a cabo.

J. Se establece el procedimiento de corrección de los exámenes brindados por la Junta.

K- El Departamento de Estado, con la aprobación de la Junta, utilizará los servicios externos de alguna corporación psicométrica para la preparación y administración del examen teórico.

ARTICULO IX: ELECCION Y DEBERES DEL PRESIDENTE, VICEPRESIDENTE Y SECRETARIO.

A. El Presidente, Vice-Presidente y un Secretario de Acta serán elegidos por votación de una mayoría simple.

B. En caso de enfermedad, incapacidad, ausencia o muerte, el cargo de Presidente, lo asumirá el Vice-Presidente en lo que la Junta elige un nuevo Presidente, por votación de una mayoría simple.

C. El Vice-Presidente en ausencia del presidente someterá a la Junta las decisiones a tomar al igual que la firma de documentos que comprometan a la Junta.

D. El Presidente de esta Junta o el miembro en quién él delegue es el Representante de la misma y actuará como tal quedando por el presente autorizada para ello, facultado para hacer todo género de gestiones en casos urgentes e imprevistos y dando cuenta de todo el trabajo en la próxima reunión para ser aprobado.

E. Presidirá todas las sesiones ordinarias y extraordinarias que se celebren. Autorizará con su firma las actas de las sesiones conjuntamente con el Secretario de Acta de la Junta y los miembros presentes.

F. El Presidente o Vice- Presidente autorizará con su firma la otorgación de Licencias (tipo diploma) conjuntamente con el Secretario(a) Auxiliar o Representante autorizada de Juntas Examinadores.

G. Ejecutará y hará que se cumplen los acuerdos de la Junta y vigilará por qué no se infrinjan las leyes y reglamento de la misma.

H. Tendrá autoridad para citar a reuniones extraordinaria, con 5 días anticipación expresando en la convocatoria el objetivo de la sesión a discutirse.

L Tomará juramentos en aquellos casos que fuere necesario.

J. Representará a la Junta, cuando ésta no esté en sesión en todos aquellos actos oficiales que requieran su presencia o delegará en otro miembro de la Junta de no poder asistir.

K. Dirigir las sesiones de la Junta siguiendo las prácticas parlamentarias.

L. Realizará cualquier gestión y tendrá cualquier otra facultad ele adicción a las consignadas, que sea necesaria para cumplir con las disposiciones ele la Ley y Reglamento aplicable.

ARTICULO X: SESIONES DE LA JUNTA

A. La Junta celebrará sesiones cuantas veces sea necesario, mediante citación previa del Presidente o a petición de cinco (5) ele los miembros. En caso ele ausencia del Presidente, el Vice-Presidente asumirá la Presidencia. De estar ambos ausentes, los miembros de la Junta elegirán un Presidente Interino de entre los miembros presentes.

B. El Presidente presentará a la Junta el calendario de reuniones ordinarias y extraordinarias que son requeridas para la certificación de banco de preguntas comenzando en el mes de enero de cada año. Este calendario estará sujeto a revisión y cambios por la Junta y su aprobación.

C. Después de un término razonable de sesión cualquier miembro podrá presentar una moción para su receso. Si la moción es debidamente secundada se llevará a votación y la Junta se regirá por la decisión de la mayoría simple.

D. Las convocatorias ele reunión se notificarán por lo menos a cinco (5) días laborables de anticipación.

E. Si los trabajos de una sesión no fueren terminados en una reunión, deberán continuarse en la fecha que fije la Junta en votación por mayoría simple.

F. La Junta podrá celebrar las sesiones extraordinarias que estime convenientes para la tramitación de los asuntos.

G. La Junta adopta como autoridad parlamentaria el Manual" de Procedimiento Parlamentario Reese Bothwell.

ARTICULO XI: DIETAS Y MILLAJE

Cada miembro de la Junta recibirá dietas por cada día o porción del mismo en que asistan a reuniones y Sesiones de la Junta; así como el reembolso de los gastos de viaje, de acuerdo con la reglamentación del Departamento de Hacienda que le sea aplicable. El pago por concepto de dietas y millaje al que tiene derecho cada miembro de la Junta, será hasta un máximo de treinta y seis (36) reuniones por cada año.

ARTICULO XII: QUORUM

A. Si al abrirse la sesión no hubiese quórum, los miembros presentes declararán un receso y gestionarán el quórum necesario y habiendo transcurrido 90 minutos no se hubiere conseguido el quórum, los miembros presentes podrán levantar la sesión y fijar la fecha de la próxima reunión, debiendo el Secretario de actas así notificarlo a los miembros que no asistieron.

B. Una vez establecido quórum con cinco (5) o más miembros, todos los acuerdos, resoluciones y decisiones de la Junta serán por mayoría simple.

C. Cualquier miembro que votare en contra de cualquier asunto tendrá derecho a explicar su voto para que conste en acta si así lo desea.

D. Cualquier miembro, podrá abstenerse de votar en cualquier caso.

E. Cualquier miembro podrá explicar en el acta su voto afirmativo, si así lo desea.

ARTICULO XIII: SOLICITUDES A EXAMENES Y LICENCIAS

A. La Junta Examinadora en sección ordinaria o extraordinaria confeccionará, revisará y evaluará las solicitudes de examen, Ayudante de Perito y Perito Electricista al igual las solicitudes de licencias.

B. La Junta Examinadora en conjunto con sus miembros en sección ordinaria o extraordinaria evaluará, revisará las solicitudes para la certificación de su Colegio Profesional e Instituciones que requieran la certificación para ofrecer cursos de educación continua según se establece en el Reglamento 7963.

ARTICULO XIV: REGULACIONES PARA LOS EXAMENES EN LAS CATEGORIAS DE PERITO Y AYUDANTE DE PERITO ELECTRICISTA

A. La Junta celebrará exámenes tres (3) veces al año en las fechas que ésta determine cada cuatro (4) meses.

B. Se publicará en un periódico de circulación general la convocatoria para dichos exámenes con sesenta (60) días de anticipación, la cual tendrá la fecha del examen y la fecha límite para radicar la solicitud, la cual será no menor de treinta (30) días antes de la fecha del examen.

C. La solicitud de examen o re-examen deberá realizarse mediante el pago que fije o que establece el Departamento de Estado mediante el Reglamento de Derecho a pagar por Servicios de las Juntas Examinadoras Adscritas al Departamento de Estado.

D. Los exámenes prácticos se ofrecerán en el lugar, fecha y hora que la Junta determine, por acuerdo de la mayoría simple.

E. La Junta someterá a la compañía que administra los exámenes teóricos el banco de pregunta relacionadas con las materias que establece la Ley 115 según enmendada y la discreción en cuanto a la cantidad de preguntas y tiempo en que dure el examen.

1. El examen teórico de Perito Electricista constará de cincuenta (50) preguntas, con tiempo de duración de dos (2) horas.

2. El examen de Ayudante de Perito Electricista constará de cincuenta (50) preguntas, con tiempo de duración de dos (2) horas.

F. El examen teórico podrá tomarse únicamente en el sitio y hora asignada por la Junta y/o compañía designada.

G. El examen se contestará en material oficial del Departamento de Estado y aprobado por la Junta o por la entidad designada.

H. El examinador deberá devolver la copia del examen (Práctico) suministrado por la Junta o por la autoridad o compañía designada con la hoja de contestaciones.

I. Reglas y normas de conducta durante el examen; los exámenes de reválida deben ser conducidos de acuerdo con las siguientes reglas y cualquier candidato que violare las mismas, podrá ser expulsado del lugar del examen por cualquier miembro de la Junta se observara además, las siguientes reglas:

1. Ningún candidato podrá entrar a tomar su examen teórico o practico después de haber comenzando el mismo.

2. Durante el examen ningún candidato podrá comunicarse con otro candidato ni tampoco podrá utilizar ningún equipo electrónico.

3. El candidato seguirá la instrucción que se indiquen por la compañía o representantes de la misma que fueron aprobado por de la Junta.

4. Todo aspirante a examen práctico o teórico que no entregue los sobres, tarjetas o cualquier material provisto por la Junta Examinadora o entidad autorizada por ésta y a su vez abandone el área de examen, no se le notificara el resultado del examen y el examen será anulado.

5. Será requisito que todo aspirante tome todas las partes del examen.

J. El aprobar el examen correspondiente es uno entre los requisitos que debe el aspirante poseer al momento en que la Junta evalúe la solicitud de licencia.

K. Todo aspirantes que apruebe el examen una vez sea notificado, tiene 90 días laborables para que radique todos los requisitos que se requieren en la solicitud de licencia de Perito o Ayudante de Perito.

L. Para los aspirantes a examen de Perito Electricista:

1. Los exámenes constaran de dos (2) partes, una práctica y otra teórico. Cada parte tendrá el valor que la Junta determine y la puntuación mínima para aprobar cada parte será de setenta por ciento (70%).

2. Los aspirantes tendrán que pasar ambas partes del examen para que les sea otorgada la licencia.

3. Si un aspirante fracasa en una parte de la prueba del examen y aprobase la otra, solamente tendrá que reexaminarse en la parte fracasada. La parte aprobada expirará al término de dos años (2) años y tendrá que reexaminase en ambas partes.

4. El examen práctico constará de las siguientes materias con un valor de cincuenta (50) puntos.

a. Alambrado de circuito eléctrico (ramales) (10 puntos).

b. Equipo de entrada de servicios -Energía Renovable (10 puntos).

c. Iluminación- Energía Renovable (10 puntos).

d. Motores y control para motores eléctricos (10 puntos).

e. Sistema de distribución de energía eléctrica (10 puntos)

ARTICULO XV: CORRECION DE EXAMENES Y NOTIFICACION

A. Los resultados de los exámenes serán discutidas en sesión ordinaria o extraordinaria, después de la fecha de celebración de los mismos, debiendo notificar a cada solicitante el resultado obtenido.

B. Todo candidato tendrá derecho a solicitar revisión a la puntuación obtenida, dentro de los próximos treinta (30) días a partir de la fecha de envío de la notificación. Esta solicitud deberá dirigirse a la Junta Examinadora de Peritos Electricistas de Puerto Rico, o la compañía que suministro el examen con el pago de las cuotas que establece el Departamento Estado por examen mediante el Reglamento de Derecho a pagar por servicios de la Junta Examinadora adscrita al Departamento de Estado.

ARTICULO XVI: AUTORIZACION PARA LA IMPLEMENTACION DE SISTEMA DE INSPECTORES

La Junta podrá autorizar al Colegio a implementar la organización de un Sistema de inspectores para velar por el cumplimiento de la Ley 115 del 2 de junio de 1976, según enmendada.

Disponiéndose que este Sistema de inspectores tenga que cumplir con los siguientes requisitos para poder ser aprobado por la Junta.

A. Requisitos Generales

1- El Colegio tendrá que notificar a la Junta Examinadora la implantación del Sistema de Inspectores por escrito.

2- Someter un plan de trabajo y la forma en que se ha de implementar y funcionará el sistema de inspectores.

3- Los nombramientos de las personas designadas de los Colegio a cargo de Inspector, tendrá que ser confirmados por la junta.

B. Directrices especificas en el Sistema de Inspectores.

1- Las querellas a ser investigadas por los inspectores serán presentadas al Colegio mediante un formulario especial el cual tendrá que ser firmado por el querellante.

2- El formulario para presentar querellas tendrá que ser sometido a la Junta Examinadora para su aprobación antes de su implementación.

3- El inspector tendrá que rendir un informe, producto de su investigación al Comité de Ética del Colegio.

4- La comisión de Ética someterá a la Junta de Gobierno del Colegio las recomendaciones que entienda para consideración de esta, la Junta de Gobierno del Colegio someterá a consideración de la Junta examinadora las recomendaciones para su evaluación. La Junta examinadora evaluará las mismas y aplicará las sanciones que esta entienda de acuerdo a las leyes que regulan la profesión de Perito Electricistas de Puerto Rico.

5- La Junta Examinadora de Peritos Electricistas se reserva el derecho de investigar cualquier querella que entienda que sea necesaria dentro del ejercicio de la profesión.

C. Procedimiento para la confirmación de las personas nombradas al cargo de Inspector.

1. Los nombramientos de las personas nombradas al cargo de Inspector tendrán que ser sometidos a la Junta.

2. Las personas nombradas tendrán que someter los siguientes documentos a la Junta:

A- Resumé

B- Evidencia o transcripción de crédito oficial de preparación Académicos.

C- Certificado de Antecedentes Penales.

D- Certificado de Asume.

E- Certificación del Colegio de Peritos de que esta al día con los cursos de educación continúa y colegiación.

F- Celtificado de Nacimiento (original)

G- Certificado de Salud de la Unidad de Salud Publica (original)

H- Certificación de Colegio sin incidencias de ética profesional y que no pertenezca a algún puesto en el Colegio ya sea comisiones u otros.

3. Tendrá que presentarse a una audiencia ante la Junta y entregar una ponencia en la fecha que ésta fije.

ARTICULO XVII: PROCEDIMIENTO PARA RECIBIR, INVESTIGAR QUERELLAS POR PARTE DE LA JUNTA:

Las querellas que la Junta podrá atender serán contra personas autorizada por Ley para ejercer como Aprendices, Ayudante o Peritos Electricistas, debidamente autorizados. Las mismas deberán estar basadas en violaciones a la Ley 115 del 2 de junio de 1976, y la reglamentación que haya establecido la Junta. podrá ser iníciales ante ésta por:

A. Personas o por un Perito Electricista o Ayudante o Aprendiz Perito, debidamente autorizado.

B. Cuando ésta sean referidas por el Colegio solicitando se instituya el correspondiente procedimiento de suspensión o revocación de licencia ante la Junta, según el Artículo 1 inciso(g) de la Ley 131 del 28 de junio de 1969, según enmendada; el Colegio deberá someter los siguientes documentos:

l. Copia de la querellas, del querellante con su firma, dirección postal y residencial.

2. Copia del informe, por escrito, del Inspector del Colegio con su firma, dirección postal y residencial; Si se hubiese autorizado al Colegio a la implementación de un sistema de Inspectores conforme al ARTICULO 5 inciso (1) de la Ley al ARTICULO 17 de este Reglamento.

3. Copia de las pruebas escritas si las hubiese, tales como documentos, cartas, recibos, etc.

4. Copia escrita (declaraciones juradas) de las pruebas testimoniales si las hubiese.

5. Transcripción fiel y exacta de la reunión o reuniones del comité de Ética del Colegio en el cual ventiló el caso, Certificado por el Secretario del Comité y los miembros presentes de este.

6. Transcripción fiel y exacta de la reunión o reuniones de la Junta de Gobierno del Colegio en la cual se ventiló el caso, Certificado por el Secretario del Colegio y los miembros presentes de la Junta de Gobierno del Colegio.

7. Carta oficial del presidente de la Junta Gobierno del Colegio a la Junta Examinadora solicitando la acción de la Junta, firmada por los miembros presentes de la Junta de Gobierno del Colegio presentes al tomar tal decisión.

8. Cualquier otra información que la Junta Examinadora crea pertinente en solicitar.

C. En los casos cuando éstas sean referidas por personas particulares o por personas autorizadas, los querellante deberán presentarse por escrito y firmada por la personas que formulen.

D. La Junta evaluará todos los documentos sometidos a no más tardar de treinta (30) días su siguiente a la fecha de recibirás las quejas o querellas en las oficinas de la Junta Examinadora.

E. En los casos referidas por el Colegio si éstos cumplieron con lo establecido en el uno (1), se procederá como sigue;

1. Se evaluará el expediente en el tiempo establecido en inciso tres.

2. Después de evaluado el expediente de encontrarse meritos en el caso, se ordenará la celebración de una vista administrativa no más tarde de los noventa (90) días subsiguientes.

3. De no encontrarse meritos, se notificara a la parte recurrente y las razones por las cuales se ha llegado a tal determinación.

F. En los casos que sean referidos por personas particulares o personas autorizadas y si éstos cumplen con lo establecido en el inciso (2) se procederá como sigue;

1. Se evaluarán las quejas o querellas en el tiempo establecido en el inciso (3), 2. Después de evaluada éstas, de encontrarse meritos, se ordenará la celebración de una vista administrativa no más tarde de los noventa (90) días subsiguientes.

3. De no encontrarse méritos, se notificara a la parte recurrente y las razones por las cuales se ha llegado a tal determinación.

ARTICULO XVIII. VISTAS ADMINISTRATIVAS:

A. La Junta celebrará vistas administrativas de acuerdo a lo establecido en el Artículo 17 o cuando ésta así lo acuerde.

B. Citaciones a vistas administrativas.

1. Serán por escrito y por correo Certificado con acuse de recibo.

2. Las personas citadas tendrán el derecho de estar asistidas por sus abogados.

3. Las citaciones serán con por lo menos 15 días de antelación a la vista.

C. En los casos de vistas administrativas para ventilar querellas o quejas de acuerdo a lo establecido en el ARTICUL018, si la persona o personas referidas, no se presentasen sin mediar excusa razonable, la Junta podrá celebrar dicha vista, tomar decisiones, emitir fallos y dictámenes en ausencia del o de.los recurridos.

D. En el caso del inciso anterior [e] si se presenta una excusa razonable por parte del o de los recurridos la Junta podrá:

1. Citar a una nueva vista de acuerdo a las normas establecidas.

2. Celebrar la vista; y posteriormente previa citación y audiencia al recurrido, el que poder estar asistido de su abogados determinar y emitir el fallo y dictamen que la Junta acuerde.

E. De haberse ordenado una segunda vista y la parte recurrida no comparecer, se Celebrará dicha vista y se emitir el fallo y dictamen que la Junta acuerde.

F. Si la o las personas recurridas no comparecer a una citación para audición según establecido en el inciso de (2) la Junta podrá emitir el fallo y dictamen que la Junta acuerde.

G. La Junta deberá emitir una resolución no más tarde de noventa (90) días laborables de haberse celebrado la vista.

H. La Junta o cualquier miembro de la mismo queda facultades por la Ley y este Reglamento para emitir citaciones o testigos, solicitar documentos, tomas juramento y declaraciones y recibir cualquier documento que sea pertinente en relación con la audiencia a celebrarse. En caso ele desobediencia a una citación, la Junta podrá invocar la ayuda de cualquier Tribunal de Justicia de Puerto Rico, para requerir la comparecencia ele testigos y/o la presentación ele evidencia documental.

ARTICULO XIX: ASUNTOS DE NATURALEZA GENERAL

A. En el momento de seleccionar el presidente de la junta, será requisito que esté presente no menos de 2/3 partes de los miembros de la junta. La votación es ele mayoría simple del total de los miembros de la junta, o sea, cinco votos. Se requiere previa convocatoria para estos fines.

B. Si no selecciona un presidente en la primera convocatoria se llevará a cabo una segunda reunión para estos fines, se establecerá un quórum reglamentario de cinco miembros. Se llevará la votación y se requiere una mayoría simple de los miembros presentes.

C. Una vez seleccionado uno de los miembros para ejercer la función de Presidente, este asumirá el cargo por el termino que fue nominado por el Gobernador de de turno; si fuera re-nominado nuevamente y confirmado por el Senado, este puede continuar como presidente mediante una votación simple.

D. El Presidente de la Junta preparará un calendario en coordinación con el Asistente de Junta Anual y las distribuirá entre sus miembros.

E. Si el Presidente de la Junta Estuviese ausente durante los días que se ofrecen los exámenes prácticos el Vice-Presidente asumirá la función como Presidente interino con todas las prerrogativas del cargo.

F. El Presidente de la Junta le asignará el área en que examinará cada uno de los examinadores y un número de código que corresponde al examinador y no al área del examen.

G. Un miembro ele la Junta con funciones de presidente, éste queda facultado para examinar en cualesquiera de las partes del examen práctico.

H. Los exámenes prácticos se llevarán a cabo en una de las escuelas vocacionales o Escuelas Académicas con ofrecimientos vocacionales, entiéndase Escuelas Públicas del Estado, Departamento Educación, no se aceptará el uso de celulares o equipo electrónico durante el examen práctico y teórico.

I. Si uno de los miembros de la Junta es Empleado del Sistema Educación Pública y su función como Director, Supervisor, Maestro de Electricidad o Maestro Vocacional por contrato. La Junta Examinadora quedará facultada para ofrecer los exámenes práctico pero el miembro que su función es directa con la escuela, éste se inhibirá de ofrecer la parte que examina y realizará tareas administrativas. OEG-LEG-CE-022.

J. Las reuniones de la J.E.P .E se llevarán a cabo en las facilidades del Departamento de Estado excepto aquellas que se requieran celebrarse fuera del Departamento aprobada por mayoría simple de los miembros y previa convocatoria.

K. La Ley establece el pago de dietas a cada uno de los miembros hasta un máximo de 36 reuniones en año económico. Pero esto no impide que pueda celebrarse otras reuniones, si amerita la necesidad, el exceso de las 36 pero no recibirá remuneración por concepto de dietas.

L. Las reuniones se desglosarán de la siguiente forma:

1- Ordinarias--- 18

2- Extraordinaria-------------------------------------- 6

3- Especiales (reválida) ------------------------------ 6

4- Visitas a las escuelas------------------------------ 3

5- Compañía que administra exámenes teórico--- 3

Total-- 36

M. Sólo se revisarán exámenes en los que al candidato le falte un solo punto para aprobar el examen.

N. Ningún miembro puede usar el distintivo del Departamento ele Estado (logo) para canalizar alguna gestión en el Departamento de Estado o instrumentalidades del Gobierno de Puerto Rico sin la autorización de la Junta y si realiza cualquier gestión es en carácter personal.

O. La Junta Examinadora no Aprobará ninguna petición ele amnistía sin el debido proceso de Ley y deberá contar con el consentimiento ele la División Legal del Departamento de Estado.

P. Se adopta como ponchador oficial de la Junta: El Logo del Departamento de Estado y a su alrededor el nombre de la Junta Examinadora de Peritos Electricistas de Puerto Rico ele forma circular.

ARTICULO XX: ENMIENDAS

Este Reglamento podrá ser enmendado en todo o en parte por la Junta de Peritos Electricistas, siempre y cuando el mismo sea aprobado por una mayoría de dos (2/3) terceras partes de sus miembros y que cumpla con las disposiciones de la Ley de Procedimiento Administrativo Uniforme.

ARTICULO XXI: SEPARABILIDAD

De declararse inconstitucional por cualquier tribunal competente, cualquier párrafo, sección o artículo de este Reglamento el mismo quedará vigente en todo aquello que no haya sido declarado inconstitucional a tenor con lo establecido por Ley 115 de 2 de Junio de 1976, según enmendada.

ARTICULO XXII: DEROGACION

Al entrar en vigencia este Reglamento quedará derogado el Reglamento de la Junta Examinadora de Peritos Electricistas Número 4314 del 20 de agosto de 1991.

ARTICULO XXIII: ANEJOS QUE FORMAN PARTE DE ESTE REGLAMENTO

1. Hoja de evaluación de Requisitos y documentos.

2. Hoja de certificación para reuniones fuera del Departamento de Estado.

3. Hoja del Logo del Departamento de Estado usado por la junta para ponchador.

Anejo 1 -Formulario

[Omitido- Acción Tomada por la Honorable Junta Examinadoras.]

Anejo 2. Certificación

Gobierno de Puerto Rico
Departamento Estado
Secretaria Auxiliar de Juntas Examinadoras

Certificación

Certifico que el señor _____, estuvo presente en _____ el día de 20 __, El señor _____ es miembro activo de la Junta Examinadora de Peritos Electricista de Puerto Rico.

En Testimonio de lo cual, firmo la presente, hoy__ de _____ de__ en la ciudad de _____ de 20___, en la ciudad de _____, Puerto Rico.

_____
Presidente.

Anejo 3. Sello de la Junta

[Omitido- Sello del Departamento de Estado para la Junta Examinador de Peritos Electricistas de Puerto Rico]

Reg. 8476 Reglamento de Educación Continua de la Junta Examinadora de Peritos Electricistas Adscrita al Departamento de Estado.

Estado Libre Asociado de Puerto Rico Departamento de Estado
Secretaría Auxiliar de Juntas Examinadoras

Número: 8476
Fecha: 23 de mayo de 2014
Aprobado: Hon. David E. Bernier Rivera
Secretario de Estado

[Firma Omitida]
Por: Francisco J. Rodríguez Bernier
Secretario Auxiliar de Servicios

CAPÍTULO 1: DISPOSICIONES GENERALES

ARTÍCULO 1. BASE LEGAL

Este reglamento se promulga en virtud de la Ley Núm. 131 de 28 de junio de 1969 según enmendada, la Ley Núm. 41 de 5 de agosto de 1991 según enmendada, la Ley Núm. 189 de 2007, la Ley Núm. 152 de 2008, la Ley Núm. 8 de 2010, conocida como la Ley del Profesional Combatiente y el Reglamento Núm. 7963 aprobado el 22 de diciembre del 2010.

ARTÍCULO 2. TÍTULO

Este Reglamento se conocerá como Reglamento de Educación Continua de la Junta Examinadora de Peritos Electricistas.

ARTÍCULO 3. PROPÓSITOS

El Reglamento General para Educación Continua servirá como guía a la Junta Examinadora de Peritos Electricistas en la preparación de su reglamento específico de la profesión u oficio. En el mismo se incluye los requisitos básicos, para los procesos de certificación de proveedores. Este Reglamento dispone sobre el rol que deberán asumir los Colegios o Asociaciones Profesionales que representan a los profesionales licenciados al momento que la Junta Examinadora de Peritos electricistas estén evaluando los proveedores de educación continua, para su acreditación, o al momento de aprobar o enmendar sus reglamentos. Dicho rol será de participación activa siempre que dichos Colegios y Asociaciones Profesionales cuenten con divisiones o departamentos de educación continua.

Este Reglamento también dispone, a tenor con su base legal, que el estar acreditado por cualquier cuerpo acreditador de educación superior no será requisito indispensable para ser certificado como proveedor. Asimismo, dispone que la certificación como proveedor de educación continua tendrá una vigencia de cinco (5) años.

Las instituciones educativas, asociaciones y colegios profesionales, compañías o entidades que al momento de entrar en vigor este Reglamento sean proveedores de educación continua mantendrán su status de proveedores por cinco (5) años a partir de la vigencia de la Ley Núm. 152 de 2008, siempre que soliciten a la Junta Examinadora que les certifique como proveedor.

La Junta Examinadora de Peritos Electricistas, deberá a su vez notificar a los proveedores de la necesidad de solicitar un certificado que se atempere a lo dispuesto en el Artículo 8 de la Ley Núm. 41 de 5 de agosto de 1991, según enmendada. Dentro del al'\ o previo a la conclusión del término de cinco (5) años, los proveedores de educación continua deberán someterse al proceso de renovación que dispone este Reglamento. La Junta tendrá la obligación de aceptar o rechazar dicha solicitud de renovación dentro de un término no mayor a seis (6) meses de la fecha de radicación de la solicitud.

El Reglamento contiene, además, disposiciones aplicables a los profesionales o técnicos en el cumplimiento de requisitos de educación continua, incorporando los postulados de la Ley Núm. 8 de 2010, conocida como la Ley del Profesional Combatiente.

ARTÍCULO 4. DEFINICIONES

1. **Acomodo Razonable** - Es el ajuste lógico y razonable a los requisitos establecidos en este Reglamento, que atenúe el efecto que pudiera tener el impedimento en la capacidad del técnico o profesional a lomar un curso de educación continua y obtener un aprovechamiento efectivo del mismo, sin que dicho ajuste resulte en cualquiera de los siguientes:

(a) alterar fundamentalmente el objetivo del programa de educación continua obligatoria, que es alentar y contribuir al mejoramiento profesional mediante el aprovechamiento efectivo de todo curso ofrecido, conforme dispone este Reglamento

(b) imponer una carga indebida a la Junta Examinadora en la función administrativa de certificar el cumplimiento del requisito de educación continua.

2. **Colegio o Instituto** - Cualquier organización creada por ley o de acuerdo a las leyes de Puerto Rico que se cree para asociar a técnicos o profesionales de una misma profesión u oficio.

3. **Curso autorizado o acreditable** - Curso de educación continua aprobado por la Junta al cumplir con todos los requisitos aplicables establecidos en el Artículo 7 del Reglamento Específico de la Junta Examinadora y el Reglamento 7963 aprobado el 22 de Diciembre de 2010.

4. **Curso de Educación Continua ("Curso")** - Es toda actividad educativa dirigida a los técnicos y profesionales para llenar sus necesidades de mejoramiento profesional, y diseñada con el fin de que éstos adquieran, desarrollen y mantengan los conocimientos y las destrezas necesarias para el desempeño de su oficio o profesión dentro de los más altos niveles de calidad y competencia.

5. **Departamento** - Departamento de Estado del Estado Libre Asociado de Puerto Rico.

6. **Divulgación efectiva** - Se refiere a anunciar el ofrecimiento del curso a todos los miembros de la profesión mediante la publicación en un periódico de circulación general en Puerto Rico, o cualquier otro medio de divulgación alterno, tales como cartas circulares o publicaciones de colegios, institutos, o de instituciones públicas o privadas en medios escritos o electrónicos.

7. **Entidad Afín** - Organización profesional que agrupa a nivel nacional los miembros de una profesión u oficio y que ofrecen a sus miembros programas de educación continua directamente o a través de sus proveedores certificados, cuyos programas sean de reconocida calidad o que hayan sido evaluados por la Junta y encontrados que cumplen sustancialmente con los requisitos del Artículo 7 de este Reglamento.

La Junta establecerá una lista de Entidades Afines cuyos cursos serán automáticamente acreditados por la Junta.

8. **Entidad profesional privada-** La sociedad, corporación profesional, organización o entidad privada cuyos miembros se dedican principalmente al ejercicio de la profesión u oficio.

9. **Entidad profesional pública** - Cualquier organización o entidad adscrita a alguna de las tres ramas de gobierno estatal o federal, o algún municipio.

10. **Discapacitado** - Una limitación física o emocional que afecte sustancialmente una o más de las actividades principales de la vida del técnico o profesional, y que limite sustancialmente su habilidad para cumplir con los requisitos de educación continua, en igualdad de condiciones con respecto al resto de los técnicos y profesionales. Sólo incluye aquellas limitaciones físicas o emocionales que puedan ser subsanadas mediante acomodo razonable.

11. **Junta -Junta Examinadora De Perito Electricista o Acreditadora** adscritas al Departamento de Estado cuyas leyes orgánicas les requieran establecer requisitos de educación continua.

12. **Amnistía** - Mecanismo utilizado por el colegio para exonerar al perito electricista del cumplimiento de requisito de horas de Educación Continua Compulsoria. Este mecanismo requiere legislación apropiada, endosado por la Secretaría Auxiliar de Juntas y la aprobación de la Junta Examinadora de Peritos Electricistas de Puerto Rico.

13. **Participación Activa-** Proceso que seguirá la Junta para solicitar la opinión de los Colegios o Asociaciones Profesionales al aprobar o enmendar su respectivo reglamento de educación continua, siempre que dichas instituciones también lleven a cabo funciones de educación continua. El proceso será según dispuesto en el Artículo 37 del Reglamento Específico.

14. **Periodo de cumplimiento** - Periodo establecido por la Junta Examinadora en sus respectivo reglamento de educación continua.

15. **Proveedor** - Persona natural o jurídica que ofrece cursos de educación continua, de conformidad con el Reglamento 7963 y el Reglamento Específico.

16. **Secretaria Auxiliar** - Secretaria Auxiliar de Juntas Examinadoras del Departamento de Estado.

17. **Perito Electricista, Técnico o Profesional-** Toda persona que haya obtenido una licencia de la Junta Examinadora de Perito Electricista adscrita al Departamento de Estado, cuya Ley Orgánica le requiere cumplir requisitos de educación continua.

18. **Asamblea General-** La Ley 131 de 28 de junio de 1969 según enmendada y la Ley 192 del 10 de diciembre de 2010, le confiere la Facultad de adoptar, mediante votación, las normas, requisitos y/o reglamentos que han de regir al Colegio. Autoridad máxima sobre todos los directivos del Colegio.

19. **Ley Núm. 284-2011-** Ley para establecer que los requisitos educativos en Puerto Rico sean medidos, acreditados, licenciados y aprobados en créditos y horas, por cualquier entidad u organismo regulador o acreditador de las distintas profesiones y oficios.

CAPÍTULO II: EDUCACIÓN CONTINUA, FACULTADES Y LIMITACIONES DE LA JUNTA EXAMINADORA

ARTÍCULO 5. FACULTADES DE LA JUNTA

(A) Establecer mediante reglamento los requisitos de educación continua, facultad que no podrá ser delegada.

(B) Certificar como proveedores a aquellas instituciones educativas, asociaciones o colegios profesionales, y a cualquier otra entidad que ofrezca educación continua pertinente a la profesión u el oficio reglamentado por dicha Junta, facultad que no podrá ser delegada.

(C) De ser necesario, la Junta será responsable de enmendar los reglamentos vigentes sobre educación continua o de aprobar reglamentos de conformidad con las normas generales establecidas en este Reglamento. Cuando los Colegios o Asociaciones Profesionales lleven a cabo labores de educación continua relativa a los oficios o profesiones que representa, la Junta deberá tomar en consideración sus planteamientos al formular sus reglamentos.

(D) Solicitar a los proveedores, Instituciones Educativas, Asociaciones, Colegios y otras entidades la incorporación de cursos de Energía Renovable.

ARTÍCULO 6. FUNCIONES

La Junta Examinadora al implementar este Reglamento podrá ejercer, entre otras, las siguientes funciones:

(1) Certificar proveedores y reconocer entidades afines.

(2) Aprobar cursos de educación continua.

(3) Supervisar la custodia y control de todos los documentos, registros, expedientes y equipo relacionados con educación continua que estén bajo el control de la Secretaría Auxiliar o cualquier colegio o asociación.

(4) Expedir certificaciones a tenor con este Reglamento.

(5) Por sí mismos, o a través de recursos disponibles en la Secretaría Auxiliar o en cualquier colegio o asociación profesional bona fide, asegurarse que aquellas entidades con quien se pacte la ejecución de funciones relacionadas con educación continua cumplan con lo acordado.

(6) Mantener documentadas las funciones que se ejerzan, identificadas en este artículo, mediante las minutas de las reuniones correspondientes y notas en el expediente correspondiente, debidamente firmadas.

(7) Evaluar situaciones de incumplimiento con los términos y requisitos de este Reglamento y recomendar la acción correspondiente.

(8) Someter recomendaciones a la Secretaría Auxiliar sobre cualquier otro asunto relacionado con el descargo de sus funciones y la administración eficiente de este Reglamento.

(9) Cualquier otra función relacionada al propósito de este Reglamento según aprobada por la Secretaría Auxiliar o la Junta Examinadora.

CAPÍTULO III: ACREDITACIÓN DE EDUCACIÓN CONTINUA
ARTICULO 7. CURSO ACREDITABLE: REQUISITOS

Para propósitos de acreditación, todo curso ya sea ofrecido en Puerto Rico o en cualquier otra jurisdicción de los Estados Unidos cumplirá con los siguientes requisitos:

(1) Tener un alto contenido intelectual y práctico, relacionado con el ejercicio de la profesión u oficio según determinado por la Junta, o con los deberes y obligaciones éticas de los profesionales.

(2) Contribuir directamente al desarrollo de la competencia y destrezas profesionales para el ejercicio de la profesión u oficio.

(3) Incluir materiales educativos relacionados al curso que estarán disponibles para cada participante, ya sea en forma impresa o electrónica o, en la alternativa, proveer instrucciones para acceder los materiales por la red de Internet u otros medios.

(4) En la descripción y objetivos educativos de cada curso, demostrar que los recursos le han dedicado, o le dedicarán, el tiempo necesario para cumplir con el número de ocho horas (8) solicitado y que, en efecto, el curso será de utilidad para el mejoramiento del ejercicio de la profesión u oficio.

(5) Ser ofrecido en lugares y ambientes propicios, con el equipo electrónico o técnico que sea necesario, el espacio suficiente para la matrícula y que contribuya a lograr una experiencia educativa enriquecedora a los participantes.

(6) Brindar a los participantes la oportunidad de hacer preguntas directamente a los recursos o a las personas cualificadas para contestar, ya sea personalmente, por escrito o a través de medios electrónicos.

(7) Cualquier otro requisito relacionado al propósito de este Reglamento según identificado por la Junta y aprobado por la Secretaría Auxiliar.

ARTÍCULO 8. GUÍAS GENERALES PARA LA APROBACIÓN DE CURSOS: REQUISITOS

(A) A solicitud de un proveedor:

(1) La solicitud para la aprobación de un curso ya sea ofrecido en Puerto Rico o en cualquier otra jurisdicción de los Estados Unidos- será presentada en el formulario provisto por la Junta, con la anticipación que requiera la Junta, antes de la fecha de ofrecimiento del curso, excepto que por justa causa la Junta acorte dicho término.

(2) Con la solicitud se incluirá la información y los anejos para acreditar lo siguiente:

(a) título, descripciones generales y objetivas del curso.

(b) lugar, fecha y hora.

(e) tiempo de duración, horas contacto.

(d) tiempo atribuible a aspectos éticos, de especialidad, o generales de la profesión u oficio, si aplica.

(e) bosquejo del contenido;

(f) nombre de los recursos y sus calificaciones profesionales (resumé detallado).

(g) copia avanzada de los materiales a distribuirle a los técnicos o profesionales participantes, si alguna.

(h) precio del curso, si alguno.

(i) forma propuesta para la divulgación efectiva.

(3) De la solicitud y los anejos presentados deberá surgir que el curso cumple con los requisitos del Articulo 7.

(4) La decisión de la Junta será notificada al proveedor solicitante no más tarde de los sesenta (60) días calendarios de presentada la solicitud. Si la Junta no notifica al proveedor en ese término, se entenderá que el curso está autorizado.

(5) Dentro de los treinta (30) días siguientes al ofrecimiento del curso, el proveedor presentará ante la Junta lo siguiente:

(a) Una lista con los nombres y números de licencia o certificado de los técnicos o profesionales que tomaron el curso.

(b) Una certificación de que el curso estuvo disponible al público y que se administró según informado en fa solicitud o, de haber ocurrido alguna variación, fa descripción de ésta con fa explicación de cómo fa variación no debería afectar la aprobación que se fe habla impartido al curso.

(e) en el formulario provisto por la Junta, un informe breve o estadística sobre la evaluación del curso por los técnicos o profesionales que lo tomaron.

(d) una cuota por cada hora crédito tomada por cada técnico o profesional, según lo establezca el Departamento de Estado, a tenor con las disposiciones del *Reglamento de Derechos* a *Pagar por Servicios de /as Juntas Examinador Adscritas al Departamento de Estado, Reglamento Núm. 4660,* según enmendado, o cualquier otro Reglamento sobre el particular que se apruebe en el futuro.

(8) A solicitud de un técnico o profesional licenciado por la Junta:

(1) Un técnico o profesional podrá presentar una solicitud para fa aprobación o acreditación de un curso, independientemente de si el mismo lo ofrece o lo ofreció un Proveedor Certificado o cualquier otro proveedor, o si el curso fue ofrecido en Puerto Rico o en cualquier otra jurisdicción de los Estados Unidos.

(2) La solicitud será presentada en el formulario provisto por la Junta, que incluirá la siguiente información:

(a) Descripción general del curso y cualquier material que el proveedor haya provisto que explique el contenido, el nombre del recurso, lugar, día y hora, número de horas contacto, pago por concepto de matrícula, si alguno, y tiempo atribuible a aspectos generales, de especialidad o de ética, de una profesión u oficio, si aplica;

(b) cualquier dato o evidencia sobre el proveedor o el curso que sea de utilidad para que fa Junta pueda evaluar el historial del proveedor y determinar si procede acoger la solicitud, cuando el proveedor no sea un proveedor certificado o reconocido por la Junta como una entidad afín.

(3) De la solicitud y sus anejos deberá surgir que el curso cumple con los requisitos del Artículo 7 de este Reglamento.

(4) La solicitud no será considerada si han transcurrido más de seis (6) meses desde la fecha del curso, con excepción de los dispuesto en el Artículo 33 sobre la acreditación retroactiva.

(5) La solicitud debe incluir una cuota según lo establezca el Departamento de Estado, a tenor con las disposiciones del *Reglamento de Derechos* a

Pagar por Servicios de las *Juntas Examinadoras Adscritas al Departamento de Estado, Reglamento Núm. 4660,* según enmendado, o cualquier otro Reglamento sobre el particular que se apruebe en el futuro. [Véase el Reg. 8644 incluido en este libro]

(6) La Junta podrá reconocer como Entidades Afines a fas organizaciones profesionales o técnicas nacionales que tengan un programa estructurado para ofrecer cursos de educación continua para sus miembros directamente o a través de sus proveedores certificados. En estos casos, la Junta podrá aceptar las transcripciones de los créditos que acumulen los técnicos o profesionales con dichas

Entidades Afines, como prueba de cumplimiento con los requisitos de este Reglamento y los del Reglamento de Educación Continua específico de la Junta.

Estas transcripciones de créditos deberán venir acompañadas de una solicitud en el formulario especial provisto por la Junta para estos casos y con una cuota según lo establezca el Departamento de Estado, a tenor con las disposiciones del *Reglamento de Derechos* a *Pagar por Servicios de* las *Juntas Examinadoras Adscritas al Departamento de Estado, Reglamento Núm. 4660,* según enmendado, o cualquier otro Reglamento sobre el particular que se apruebe en el futuro. [Véase el Reg. 8644 incluido en este libro]

ARTÍCULO 9. CURSOS OFRECIDOS POR ENTIDADES TÉCNICAS O PROFESIONALES PRIVADAS CON O SIN FINES DE LUCRO. REQUISITOS:

(A) Las entidades técnicas o profesionales privadas, con o sin fines de lucro, con interés en ofrecer un curso para que se le acredite como educación continua a sus miembros cumplirán con lo siguiente:

(1) Presentar su solicitud de Proveedor Certificado a la Junta Examinadora conforme al Artículo 14;

(2) Incluir con la solicitud la información y los documentos necesarios según el Artículo 8(A) para demostrar que el curso cumple con los requisitos del Artículo 7;

(3) Acreditar que el curso será ofrecido a un costo razonable, si alguno, determinado a base de la cantidad que regularmente se cobra por un curso similar en el mercado de Puerto Rico;

(4) Separar al menos el veinticinco por ciento (25%) de los espacios para que cualquier técnico o profesional con interés, que sea miembro de su entidad, pueda tomarlo como educación continua;

(5) Cumplir con el requisito de divulgación efectiva, dispuesto en el Artículo 4, a más tardar treinta (30) días antes de la fecha de ofrecimiento del curso;

(6) Esperar por lo menos hasta quince (15) días antes de la fecha de ofrecimiento del curso para comenzar a admitir solicitantes del público (aquellos técnicos o profesionales que no están asociados con la entidad profesional privada). Si hubiera más solicitudes del público que espacios disponibles, los participantes se escogerán por orden de llegada de su solicitud. Se preparará una lista de espera para conceder espacios en caso de que algún participante cancele su solicitud o no remita el pago, si alguno, oportunamente.

(7) A más tardar treinta (30) días luego del día en que se haya ofrecido el curso:

(a) acreditar que se cumplió con el requisito de divulgación efectiva dispuesto en el inciso (A)(5) de este Articulo;

(b) informar: (i) el número total de espacios que estuvo disponible y el número de espacios que estuvo disponible a personas no asociadas a la entidad profesional privada ("publico"), (ii) los nombres de las personas no asociadas a la entidad profesional privada ("público") que solicitaron y la fecha en que se recibió cada solicitud, independientemente de si fueron admitidas o de si la solicitud fue oportuna, (iii) el número de personas que fueron admitidas, (iv) los nombres de las personas admitidas que no están asociadas a la entidad profesional privada ("público"), junto a su fecha de admisión y los nombres de las demás personas admitidas, (v) el número de personas que asistió, (vi) los nombres de las personas que asistieron y que no están asociadas a la entidad profesional privada ("público") con sus números de licencia o certificado, y los nombres de las demás personas que asistieron con sus números de

licencia o certificado; (e) Cumplir con el requisito dispuesto en el Artículo 8(A)(5).

(8) Todo curso aprobado de conformidad con el inciso (A) de este Artículo será acreditado hasta una tercera parte (1/3) del total de horas requeridas en cada periodo de cumplimiento.

ARTÍCULO 10. CURSO OFRECIDO POR ENTIDADES PROFESIONALES PÚBLICAS: REQUISITOS

Las entidades profesionales públicas con interés en ofrecer un curso para que se le acredite corno educación continua a sus empleados que sean técnicos o profesionales cumplirán con lo siguiente:

(1) Presentar una solicitud en el formulario provisto por la Junta sesenta (60) días antes del ofrecimiento del curso;

(2) Incluir la información y los documentos necesarios según el Artículo 8(A) para acreditar que el curso cumple con los requisitos del Artículo 7.

Todo curso aprobado de conformidad con este Artículo será acreditado hasta una tercera parte (1/3) del total de horas requeridas en cada período de cumplimiento.

Las Entidades Profesionales Públicas estarán exentas del pago de cuotas.

ARTICULO 11. CÓMPUTO DE CREDITOS

Las horas crédito de educación continua mínimas establecidas por la Junta, ya sea por ley o por reglamento, se calcularán de la siguiente manera:

(1) Una hora crédito consistirá de cincuenta (50) a sesenta (60) minutos de participación en actividades propias de educación, según lo determine la Junta en el uso de su discreción;

(2) La Junta determinará el tiempo a acreditar por cursos ofrecidos únicamente a través de mecanismos no tradicionales de enseñanza y aprendizaje; en su acreditación la Junta evaluará la naturaleza del curso, el tiempo que normalmente se requiere para completarlo y el informe que rinda el proveedor respecto al desempeño de quienes tomaron el curso;

(3) La Junta tendrá la discreción de delegar en Colegios, Asociaciones Profesionales o en Entidades públicas o privadas, el manejo y contabilidad de las horas crédito.

ARTICULO 12. CURSOS OFRECIDOS MEDIANTE MECANISMO NO TRADICIONALES DE ENSEÑANZA Y APRENDIZAJE

(A) La Junta podrá acreditar cursos en que se usen mecanismos no tradicionales de enseñanza y aprendizaje, ya sea por correspondencia, computadora, video, grabación u otros medios, sujeto a las limitaciones y requisitos establecidos en el Artículo 11 (2) de este Reglamento.

(8) La solicitud para la aprobación de estos cursos cumplirá con los requisitos del Artículo 8. El proveedor, o el técnico o profesional licenciado que solicite la aprobación, explicará cómo el curso cumple con los requisitos del Artículo 7, los fines del programa de educación continua obligatoria y este Reglamento.

(C) La Junta evaluará caso a caso estas solicitudes y, discrecionalmente, podrá aprobarlas. Todo proveedor certificado deberá someter estos cursos para aprobación previa de la Junta, salvo en los casos que sean ofrecidos por Entidades Afines o sus proveedores certificados.

ARTICULO 13. REQUISITO DE DIVULGACIÓN EFECTIVA

(A) Todo proveedor que solicite la aprobación de un curso para acreditación, podrá publicar sus ofrecimientos en cualesquiera mecanismos a través de los cuales se realice una divulgación efectiva dirigida a los técnicos y profesionales que pudieran tener interés en tomar los cursos. Una vez aprobado el curso, será deber del proveedor anunciarlo de conformidad con la definición del Articulo 4.

(B) La Junta podrá divulgar en la página del Departamento en la Internet los cursos aprobados, a base de la información que conste en sus expedientes administrativos.

CAPITULO IV: PROVEEDORES

ARTICULOS 14. PROVEEDOR CERTIFICADO: REQUISITOS BÁSICOS; PROCEDIMIENTO

(A) Requisitos

Una persona natural o jurídica interesada en que se le extienda Licencia de Proveedor Certificado cumplirá con los siguientes requisitos:

(1) Haber ofrecido, durante los cuatro (4) años antes de la aprobación de este Reglamento, cursos de educación continua que cumplieron con los requisitos para su acreditación;

(2) Demostrar que la misión de su programa de educación es el mejoramiento de los técnicos o profesionales a través de la educación que ofrecen;

(3) Demostrar que posee la solvencia económica necesaria para mantener un programa de educación continua de la más alta calidad;

(4) Demostrar que sus actividades están dirigidas primordialmente a los técnicos o profesionales de la Junta;

(5) Comprometerse a cumplir con la misión y los propósitos del programa de educación continua de la Junta;

(6) Certificar y evidenciar, de ser necesario, que las facilidades donde se ofrecen los cursos satisfacen las necesidades de acomodo razonable al técnico o cumplir con el requisito de educación continua;

(7) Cualquier otro requisito que determine la Junta en su Reglamento.

No será requisito indispensable para ser certificado como proveedor el estar acreditado por cualquier cuerpo acreditador de educación superior.

(B) Disposiciones Transitorias

(1) Las instituciones educativas, asociaciones y colegios profesionales, compañías o entidades que al 4 de agosto de 2008 eran Proveedores de Educación Continua, mantendrán su status de proveedores, siempre y cuando soliciten a la Junta que los certifique como proveedor;

(2) La institución educativa, asociación o colegio profesional, compañía o entidad deberá presentar evidencia de que, al momento de la entrada en vigor de la Ley Núm. 152 de 2008, era proveedor de dichos servicios. La Junta establecerá la forma en que un proveedor evidenciará su carácter de proveedor. La Juntas deberán, a su vez, notificar a los proveedores sobre la necesidad de solicitar un certificado que se atempere a lo dispuesto en el Artículo 8 de la Ley Núm. 41 de 5 de agosto de 1991, según enmendada;

(3) Dentro del año previo a la conclusión del término de cinco (5) años, contados a partir del 4 de agosto de 2008, los Proveedores de Educación Continua deberán someterse al proceso de renovación que dispongan los reglamentos específicos de la Junta, y la Junta tendrá la obligación de aceptar o rechazar dicha solicitud de renovación dentro de un término no mayor a seis (6) meses de la fecha de radicación de la solicitud;

(4) Cualquier otro requisito que determine la Junta en su Reglamento.

(C) La persona natural o jurídica interesada en que se le licencie como Proveedor Certificado presentará una solicitud en el formulario provisto por la Junta, con la siguiente información:

(1) Nombre del proveedor, dirección, teléfono, fax, correo electrónico;

(2) Nombre y título de la persona contacto;

(3) Descripción de cada actividad o curso de educación continua ofrecido durante los últimos cuatro (4) años anteriores a la solicitud, con la siguiente información:

(a) Título del curso y su descripción;

(b) Fecha y lugar de celebración;

(e) Costo de registro o matrícula;

(d) Prontuario o contenido del curso;

(e) Nombres de los recursos y calificaciones profesionales;

(f) Descripción de los materiales distribuidos a los participantes;

(g) Horas acreditadas;

(h) Distribución de horas por categoría o asunto (ej: Aspectos sustantivos, aspectos de la práctica de la profesión u oficio, ejercicios, preguntas);

(i) Audiencia a la cual fue dirigida el curso.

j) Indicar si el curso fue anunciado como abierto al público, o si fue ofrecido exclusivamente a un grupo en particular;

(k) Método para evaluar el curso (ej: evaluación por los y las participantes, evaluador independiente)

(l) Formato de presentación (ej: salón de clases, video, circuito cerrado, transmisión simultánea, estudio individual, computadora);

(m) Mecanismo para constatar el aprovechamiento académico del curso, si alguno.

(4) Anejos y documentos que acrediten la información provista en cumplimiento con los requisitos del inciso tres (3);

(5) Descripción de su experiencia en el campo de especialidad, de sus facilidades físicas y de la preparación de las personas a cargo de la organización, enseñanza y supervisión de su programa;

(6) Jurisdicciones en las que se le ha extendido licencia como Proveedor Certificado, si alguna;

(7) Incluir, cuando se trate de una corporación, su número de registro, especificando el tipo de corporación, de modo que la Junta o personal de la Secretaría Auxiliar verifique con el Registro de Corporaciones del Departamento De Estado si éste está en cumplimiento ("good standing") con la Ley General de Corporaciones, Ley Núm. 164 de 2009, según enmendada;

(8) Certificación de que ha rendido planillas de contribución sobre ingresos durante los últimos cinco (5) años;

(9) Declaración de que se compromete a cumplir con los propósitos del programa de Educación Continua y con todos los requisitos establecidos por la Junta y por la Secretaría Auxiliar en este Reglamento y disposiciones relacionadas.

(O) La Junta tendrá la obligación de aceptar o rechazar dicha solicitud de licencia de Proveedor Certificado dentro de un término no mayor a seis meses de la fecha de radicación de la solicitud.

(E) Extendida la licencia de Proveedor Certificado, los cursos que ofrezca el proveedor se considerarán pre-aprobados una vez los informe a la Junta de conformidad con los requisitos del Artículo 8. La Junta, en el ejercicio de su facultad, podrá denegar la aprobación de cualquier curso que no cumpla con los requisitos de este Reglamento, en cuyo caso lo notificará al proveedor con al menos treinta (30) días de antelación. Los casos de incumplimiento podrán conllevar la revocación de la licencia extendida.

(F) La licencia de Proveedor Certificado tendrá una vigencia de cinco (5) años, por lo que el proveedor, de interesar continuar como tal, deberá solicitar la renovación para cada periodo subsiguiente, de conformidad con los requisitos de la Junta.

(G) Procedimiento de Renovación:

(1) someter la solicitud que provea la Junta para este propósito;

(2) incluir, cuando se trate de una corporación, su número de registro, especificando el tipo de corporación, de modo que la Junta o personal de la Secretaría Auxiliar verifique con el Registro de Corporaciones del Departamento de Estado si ésta, está en cumplimiento ("good standing") con la Ley General de Corporaciones, Ley Núm. 164 de 2009, según enmendada;

(3) Certificación de que ha rendido planillas de contribución sobre ingresos durante los últimos cinco (5) años;

(4) Declaración de que se compromete a cumplir con los propósitos del programa de Educación Continua y con todos los requisitos establecidos por la Junta y por la Secretaría Auxiliar en este Reglamento y disposiciones relacionadas;

(5) Discrecionalmente, la Junta podrá solicitarle a un proveedor que solicite la renovación de su Certificado de Proveedor, entre otros informes sobre cómo los mecanismos utilizados lograron el aprovechamiento académico de sus cursos, los objetivos del programa, la continua presencia y la participación real y efectiva de los asistentes, copias de las hojas de evaluación de los cursos ofrecidos;

(6) Cualquier otro requisito que pueda solicitar la Junta mediante Reglamento;

(7) La Junta tendrán la obligación de aceptar o rechazar dicha solicitud de renovación de licencia de Proveedor Certificado dentro de un término no mayor a seis (6) meses de la fecha de radicación de la solicitud.

ARTICULO 15. CERTIFICACIÓN PROVISIONAL DE PROVEEDORES

(A) De así entender apropiado, la Junta tendrá la discreción de extender una Certificación Provisional de Proveedores por un periodo de dos (2) años, a los Programas de Educación Continua de aquellas Escuelas y Universidades reconocidas por el Consejo Educación de Puerto Rico o el Departamento de Educación o cualquier otro organismo regulador que se cree en el futuro por legislación.

(B) Las organizaciones e instituciones antes indicadas presentarán la solicitud con la información que requiere el Artículo 14 (C) de este Reglamento.

(C) Una vez se extienda la Certificación Provisional de Proveedores, los cursos que ofrezcan estas organizaciones e instituciones, se considerarán pre-aprobados siempre y cuando sean informados a la Junta de conformidad con los requisitos del Artículo B(A). La Junta, en el ejercicio de su facultad, podrá denegar la aprobación de cualquier curso que no cumpla con los requisitos del Reglamento 7963 y del Reglamento Específico, en cuyo caso lo notificará al proveedor con al menos treinta (30) días de antelación a la fecha del curso.

(O) Transcurrido el periodo provisional de dos (2) años, estas organizaciones e instituciones quedarán en igual situación que los demás proveedores y podrán solicitar la renovación de la licencia de Proveedor Certificado de conformidad con el Artículo 14(G).

ARTICULO 16. DEBERES DEL PROVEEDOR SOBRE APROVECHAMIENTO ACADÉMICO

(A) Todo proveedor debe realizar evaluaciones continuas y sistemáticas en cuanto a logros de objetivos educativos, diseño de programas, métodos pedagógicos, contenido de materiales, calidad de los recursos, entre otros.

(B) A solicitud de la Junta, el proveedor rendirá informes sobre cómo los mecanismos utilizados logran el aprovechamiento académico de sus cursos, los objetivos del programa de Educación Continua y la participación real y efectiva de los asistentes.

(C) La Junta podrá verificar la eficacia de estos mecanismos a través de procedimientos que establezca, por lo cual, todo proveedor conservará los documentos y expedientes relacionados con el cumplimiento de este Artículo, por un término de cinco (5) años.

ARTÍCULO 17. RECURSOS

(A) Todo proveedor establecerá los mecanismos necesarios que garanticen que los recursos que se empleen para proveer educación continua posean las calificaciones, competencia profesional y destrezas pedagógicas que permitan una enseñanza de los cursos.

(8) La Junta podrá verificar en cualquier momento si el proveedor cumple con lo dispuesto en este Artículo.

ARTÍCULO 18. ACTIVIDADES NO RELACIONADAS CON EDUCACIÓN CONTINUA

Si el proveedor combina un curso con otras actividades que no son objeto de acreditación por la Junta, éste expresará en los documentos que rinda a la Junta, el tiempo exacto dedicado a la Educación Continua requerido por la Junta y el tiempo dedicado a la otra actividad.

ARTÍCULO 19. DEBER DE PROVEER ACOMODO RAZONABLE

Todo proveedor ofrecerá acomodo razonable al técnico o profesional que lo solicite por razón de algún impedimento, para que pueda cumplir con el requisito de educación continua obligatoria.

ARTÍCULO 20. EXPEDIENTES DE LOS CURSOS

(A) Todo proveedor conservará por un término de cinco (5) años, contados a partir de la fecha en que se ofreció el curso, los expedientes sobre los cursos que haya ofrecido para propósitos de acreditación y los mantendrá a la disposición de la Junta para inspección cuando ésta se lo requiera.

(8) Los expedientes incluirán la información esencial para la acreditación de la educación continua que se detalla a continuación:

(1) Identificación de los cursos;

(2) Recursos que participaron;

(3) Lista de asistencia con los nombres, números de licencia o certificado

(4) Evaluaciones de los cursos por parte de los técnicos o profesionales

(5) Certificaciones de participación expedidas y certificaciones relacionadas

(6) Utilización de mecanismos tecnológicos o de otra índole para la enseñanza en forma individual o a distancia, si aplica

(7) Informes sobre aprovechamiento académico de los cursos

(8) Cualquier otra información pertinente.

(C) Para conveniencia y fácil manejo, los expedientes podrán conservarse en formato electrónico.

CAPÍTULO V: PROCEDIMIENTOS ANTE LA JUNTA

ARTÍCULO 21. PETICIONES

(A) Cualquier persona interesada en una determinación de la Junta a tenor con este Reglamento podrá presentar por escrito cualquiera de las siguientes solicitudes.

(1) Licencia de proveedor certificado.

(2) Certificación provisional de proveedor.

(3) Acreditación de cursos.

(4) Exoneración.

(5) Diferimiento.

(6) Cualquier otra petición que pudiera surgir de la aplicación del Reglamento 7963 o de los Reglamento Específicos de la Junta.

(B) Requisitos:

(1) La solicitud será presentada en el formulario provisto por la Junta, describirá en forma detallada y precisa el propósito en incluirá los documentos pertinentes que apoyan la misma. En ausencia de un formulario, la persona interesada determinará la forma de hacer la solicitud, siempre que ésta conste

por escrito.

(2) La solicitud para la designación como Proveedor Certificado incluirá la información requerida en el Artículo 14(C).

(3) La solicitud para la acreditación de cursos incluirá la información requerida en el Artículo 8(A).

ARTÍCULO 22. EVALUACIÓN; DETERMINACIÓN

(A) La Junta evaluará las solicitudes que hayan sido debidamente presentadas.

(B) Toda solicitud que no cumpla con los requisitos del Reglamento 7963 o del Reglamento Especifico de la Junta que esté incompleta podrá ser denegada por la Junta.

(C) En la evaluación de la solicitud, la Junta podrá requerirle información adicional al solicitante;

(D) La Junta podrá conceder la solicitud en todo o en parte o denegarla. En cualquiera de los casos, deberá notificar su decisión al solicitante.

CAPÍTULO VI: CUMPLIMIENTO POR TÉCNICOS O PROFESIONALES

ARTICULO 23. MÍNIMO DE HORAS CRÉDITO

(A) Todo técnico o profesional cumplirá con los requisitos mínimos de horas crédito que se disponen en las leyes y reglamento de Educación Continua de la Junta.

(B) La Junta determinará cómo y cuándo el técnico o profesional le deberá someter la evidencia sobre su cumplimiento.

(C) No obstante lo anterior, y según dispuesto en la Ley Núm. 8 de 2010, conocida como la Ley del Profesional Combatiente, todo técnico o profesional miembro de los Componentes de Reserva de las Fuerzas Armadas y de las Fuerzas Activas en servicio activo regular que se encuentre fuera de Puerto Rico por un periodo mayor a un año, estará exento de cumplir con los requisitos de educación continuada durante ese periodo. Así mismo, todo técnico o profesional miembro de la Guardia Estatal en servicio activo estatal estará exento de cumplir con los requisitos de educación continuada durante ese periodo. Cuando se requiera cumplir con un determinado número de créditos en un intervalo de tiempo, se prorratearán los créditos por año, de manera tal que no se contará el tiempo en el que el profesional estuvo activo. Para disfrutar de la exención el técnico o profesional deberá presentar evidencia de servicio, según se define en el Artículo 7 de la Ley Núm. 8 de 2010.

ARTICULO 24. AVISO DE INCUMPLIMIENTO

La Junta deberá notificar un Aviso de Incumplimiento a todo técnico o profesional que no haya cumplido con el mínimo de horas crédito requerido.

ARTICULO 25. CUMPLIMIENTO TARDÍO

(A) Todo técnico o profesional que incumpla con los requisitos mínimos de horas crédito que dispongan las leyes y reglamentos de su Junta podrá presentar una Solicitud de Cumplimiento Tardío con evidencia de que cumplió con los créditos que le faltaban para completar el requisito mínimo de horas crédito dentro de los treinta (30) días siguientes a la fecha límite en que debla haber cumplido. Junto con la evidencia de cumplimiento, el técnico o profesional deberá someter por escrito las razones que justificaron su tardanza. La Junta evaluará la solicitud y tomará una determinación. La

Junta tendrá la discreción de imponer las penalidades que procedan, a tenor con las leyes y reglamentos que apliquen.

(B) Lo dispuesto en este artículo no aplicará cuando sea contrario a lo que disponga alguna entidad reguladora federal o consejo nacional con inherencia sobre la Junta en cuestión, a su Ley Orgánica o alguna Ley Especial.

ARTÍCULO 26. INCUMPLIMIENTO; CITACIÓN

(A) Transcurrido el término para presentar una Solicitud de Cumplimiento Tardío, la Junta deberá citar por escrito al profesional o técnico a una vista informal.

(B) la citación a la vista incluirá: el propósito de la vista, la fecha y lugar de la misma, el período incumplido, las consecuencias de no asistir y referencia a las disposiciones de Ley aplicables.

(C) No obstante lo anterior, a aquellos técnicos o profesionales exentos a tenor con el Artículo 25 (C) de este Reglamento, no se le podrá imponer penalidad alguna por presentar tardíamente su Solicitud de Cumplimiento Tardío o cualquier otra documentación necesaria ante la Junta Examinadora, siempre que presente la razón existente ante la Junta Examinadora, no más tarde de sesenta (60) días después del vencimiento de su orden militar.

ARTÍCULO 27. VISTA INFORMAL ANTE LA JUNTA

(A) El técnico o profesional citado a una vista informal por incumplimiento a los requisitos de educación continua expondrá las razones que justifiquen su incumplimiento y presentará la prueba a su favor que tenga disponible.

(B) La Junta evaluará las razones expuestas y resolverá lo que proceda conforme a la legislación y/o reglamentación aplicable.

(C) En caso de incomparecencia, la Junta tomará la determinación administrativa que proceda de conformidad con su Ley Orgánica, su Reglamento o, de no existir una disposición relacionada vigente, la suspensión de la licencia a discreción de la Junta.

(D) La determinación de la Junta será notificada oportunamente al técnico o profesional del concernido.

CAPÍTULO VII: MECANISMOS AL TERNOS DE CUMPLIMIETO Y OTRAS DISPOSICIONES

ARTÍCULO 28. PARTICIPACIÓN COMO RECURSOS

Los técnicos y profesionales que participen como recursos en la educación continua recibirán acreditación por esta función cuando presenten ante la Junta su solicitud y la certificación del proveedor en que conste su participación y horas de enseñanza. La Junta determinará en su Reglamento la cantidad de tiempo acreditable cuando el recurso participe en ofrecimientos múltiples del mismo curso.

ARTÍCULO 29. PUBLICACIÓN DE OBRAS DE CONTENIDO PARA LA PROFESIÓN U OFICIO

Los técnicos o profesionales que publiquen libros de contenido y artículos en revistas técnicas o profesionales reconocidas podrán recibir, a discreción de la Junta, acreditación por estas publicaciones, cuando presenten su solicitud con la evidencia pertinente sobre la publicación realizada y horas dedicadas. Corresponderá a la Junta determinar la cantidad de horas acreditadas, si alguna, por dichas publicaciones.

ARTÍCULO 30. ESTUDIOS DE MAESTRÍA Y DOCTORADO

La Junta podrá, a su discreción, relevar de tomar cursos de educación continua a todo profesional o técnico que haya completado un grado de Maestría en materias relativas a su profesión u oficio en alguna universidad reconocida por el Consejo de Educación de Puerto Rico después de haber obtenido su licencia o certificado. Si el grado completo es de Maestría, la Junta podrá relevarlo de tomar cursos de educación continua por un periodo de hasta dos (2) años, término que se contará a partir de la fecha de obtención del grado. Si el grado obtenido es un Doctorado o su equivalente, el periodo de exención podrá ser de hasta tres (3) años, cuando a partir de la fecha de obtención del grado. También incluye en esta categoría a Peritos Electricistas con estudios conducentes al grado de Ingeniería Eléctrica, el periodo de exención podrá ser hasta tres (3) años mientras esté cursando el grado.

ARTÍCULO 31. NOTIFICACIONES DE LA JUNTA; MODOS DE REALIZARLAS

Las notificaciones de la Junta a los técnicos o profesionales y a los proveedores podrán ser realizadas a través del correo ordinario, facsímile o medios electrónicos. La Junta deberá enviar por correo certificado las notificaciones en aquellos casos que se cite a vista. La Junta deberá también confirmar el recibo de la notificación en aquellos casos que se cite a vista o se notifique alguna denegatoria. Las siguientes son notificaciones que la Junta podrá enviar a los técnicos, profesionales o proveedores, según sea el caso y que pueden variar dependiendo de las disposiciones de las Leyes Orgánicas y Reglamentos específicos de la Junta.

(A) A técnicos o profesionales licenciados:

a. Acreditación de cursos total, parcial o denegación de acreditación;

b. Requerimiento de información adicional para acreditación de cursos;

c. Acreditación por participación como recurso;

d. Acreditación por publicación de obras;

e. Acreditación retroactiva de cursos;

f. Relevo de la educación continúa por estudios de maestría y doctorado;

g. Aviso de Incumplimiento;

h. Cumplimiento tardío;

i. Decisión en reconsideración;

j. Señalamiento de vista;

k. Determinación luego de la vista;

l. Determinación de la Junta en caso de incomparecencia a la vista;

m. Exoneración de cumplimiento de educación continua por incapacidad para ejercer la profesión;

n. Exoneración de Educación Continua por justa causa;

o. Diferimiento de la Educación Continua por justa causa;

p. Cualquier otra relacionada con el cumplimiento de requisitos.

(B) A proveedores:

a. Certificación Provisional de Proveedor;

b. Licencia de Proveedor Certificado;

c. Aprobación de cursos, en todo o en parte;

d. Denegación de aprobación de cursos;

e. Denegación de solicitud de Proveedor Certificado;

f. Requerimiento de informes sobre comprobación de aprovechamiento académico;

g. Requerimiento de inspección de documentos;

h. Incumplimiento con mecanismos para garantizar idoneidad de recursos;

i. Decisión en reconsideración;

j. Señalamiento de vista;

k. Revocación de licencia por incumplimiento con el programa de Educación Continua;

l. Requerimiento de información adicional;

m. Cualquier otra relacionada con el cumplimiento de requisitos.

ARTICULO 32. SITUACIONES NO PREVISTAS

(A) La Junta, podrá tomar medidas para atender situaciones no previstas en la forma que, a su juicio, sirva a los mejores intereses de los técnicos o profesionales licenciados.

(B) Para atender una situación de falta de miembros en una Junta, ya sea por ausencia o por falta de nombramientos para ocupar vacantes, la Junta podrá delegar en un Comité compuesto por tres de sus miembros la facultad de certificar proveedores o de aprobar cursos o cualquier otro asunto establecido en este Reglamento. La composición del Comité no tiene que ser permanente y podrá variar según la asistencia de los miembros presentes en las reuniones donde se están dilucidando asuntos relacionados con la educación continua.

ARTICULO 33. RECONSIDERACIÓN DE LAS DECISIONES DE LA JUNTA

(A) Reconsideración: La persona natural o jurídica que no esté conforme con la decisión de una Junta hecha a tenor con este Reglamento, tendrá derecho a presentar una moción de reconsideración, por escrito, dentro del término de veinte (20) días desde el recibo de la notificación de la decisión de la Junta. Dentro de los quince (15) días de haberse presentado dicha moción, la Junta deberá considerarla. Si la rechazare de plano o no actuare dentro de los quince (15) días, el término para solicitar revisión ante el Tribunal de Apelaciones, a tenor con la Ley de Procedimiento Uniforme, 3 LPRA §§ 22711, *et* seq., comenzará a correr nuevamente desde que se notifique dicha denegatoria o desde que expiren los quince (15) días de su presentación, según sea el caso. Si la Junta tomare alguna determinación en su consideración, el término para solicitar revisión ante el Tribunal de Apelaciones empezará a contarse desde la fecha en que la persona afectada reciba la decisión de la Junta resolviendo definitivamente la moción de reconsideración.

(B) El término de veinte (20) días para presentar una moción de reconsideración ante la Junta es de cumplimiento estricto, prorrogable por justa causa que se expondrá en la petición.

ARTÍCULO 34. REVISIÓN ADMINISTRATIVA

Una parte adversamente afectada por una orden o resolución final de una Junta y que haya agotado todos los remedios provistos por la Junta podrá presentar una solicitud de revisión ante el Tribunal de Apelaciones, dentro de un término de treinta (30) días contados a partir de la fecha del archivo en autos de la copia de la notificación de la orden o resolución final de la Junta o a partir de la fecha aplicable de las dispuestas en el Artículo 34 de este Reglamento cuando el término para solicitar la revisión judicial haya sido interrumpido mediante la presentación oportuna de una moción de reconsideración. La parte notificará la presentación de la solicitud de revisión a la Junta y a todas las partes dentro del término para solicitar dicha revisión. La notificación podrá hacerse por correo certificado con acuse de recibo.

Disponiéndose, que si la fecha de archivo en auto de copia de la notificación de la orden o resolución final de Junta es distinta a la del depósito en el correo de dicha notificación, el término se calculara a partir de la fecha del depósito en el correo.

ARTICULO 35. DISPOSICIONES PARA LICENCIADOS INACTIVOS

Los peritos electricistas que no están practicando activamente la profesión por razones de edad, retiro y otras. Por tal motivo no toman los cursos de educación continua. Estos profesionales estarán a la discreción de la Junta y el Colegio. La Junta y el Colegio podrán aprobar disposiciones sobre estos profesionales.

ARTÍCULO 36. APROBACIÓN DEL REGLAMENTO ESPECIFICO DE LA EDUCACION CONTINUA DE LA JUNTA EXAMINADORA DE PERITOS ELECTRICISTAS

(A) La Junta deberá utilizar el Reglamento 7963 como guía al preparar su propio Reglamento Específico de Educación Continua. Este Reglamento pretende brindar los requisitos básicos para la elaboración del Reglamento Específico que afecte a la Junta Examinadora, lo que no impide que la Junta imponga requisitos distintos a los establecidos en este Reglamento, siempre que no sea inconsistentes con la Ley Núm. 41 de 5 de agosto de 1991, según enmendada, 20 LPRA §10, *et* seq. Sin previo a la aprobación de este Reglamento, si la Junta hubiera aprobado un Reglamento Especifico cuyo contenido la Junta determine está acorde con el presente Reglamento, entonces no será necesario que la Junta enmiende su Reglamento o adopte uno nuevo.

(B) Como parte de la elaboración de enmiendas o la adopción de un nuevo Reglamento Específico, la Junta someterá el borrador de Reglamento al Colegio o Asociación Profesional concerniente a la profesión u oficio que regula la Junta, concediéndole un término de treinta (30) días para someter por escrito sus comentarios, objeciones o sugerencias. De haber controversia entre el contenido del propuesto Reglamento y lo esbozado por el Colegio o Asociación, la Junta citará una reunión con representantes del Colegio o Asociación para esclarecer las posiciones de las partes.

(C) Luego de tomar en cuenta los comentarios, objeciones o sugerencias del Colegio o Asociación concernido, la Junta hará los cambios que entienda pertinentes al borrador, la Junta someterá el borrador de Reglamento a la Secretaría Auxiliar, quien cotejará que se reúnan los requisitos dispuestos en las leyes y reglamentos aplicables.

(D) De transcurrir el término de treinta (30) días sin que el Colegio o Asociación haya sometido por escrito sus comentarios, objeciones o sugerencias, la Junta entenderá que el Reglamento fue aceptado sin enmiendas, por lo que someterá el borrador de Reglamento a la Secretaría Auxiliar, quien cotejará que se reúnan los requisitos dispuestos en las leyes y reglamentos aplicables.

(E) Una vez cotejado el Reglamento, la Secretaria Auxilia someterá el borrador de Reglamento a la Oficina de Asuntos Legales del Departamento de Estado para que se someta al procedimiento de Reglamentación establecido en la Ley de Procedimiento Administrativo Uniforme, Ley Núm. 170 de 12 de agosto de 1988.

ARTÍCULO 37. ENMIENDAS

Este Reglamento podrá ser enmendado en cualesquiera de sus artículos o en partes por la Junta Examinadora de Peritos Electricistas, siempre y cuando el mismo sea aprobado por una mayoría de dos terceras (2/3) partes de sus miembros y previa notificación a los proveedores.

ARTÍCULO 38. SEPARABILIDAD

Si por virtud de legislación o determinación judicial cualquier disposición de este Reglamento es declarada nula o ineficaz en todo o en parte, la disposición se tendrá por no puesta y no afectará la validez de las demás disposiciones, las cuales continuarán en todo su vigor y eficacia.

ARTICULO 39. DEROGACIONES

Este Reglamento deroga cualquier disposición reglamentaria de la Junta Examinadora de Perito Electricista contraria a lo aquí dispuesto.

ARTÍCULO 40. VIGENCIA

Este Reglamento comenzara a regir a los treinta (30) días después de su aprobación por la Junta Examinadora de Peritos Electricistas, su radicación y aprobación en el Departamento de Estado y Secretaría Auxiliar de Juntas según dispone el Reglamento General de Educación Continua de las Juntas Examinadoras, Reglamento 7963.

Aprobado en San Juan, Puerto Rico, hoy

[Firma Omitida]
Hon. David E. Bernier Rivera
Secretario de Estado de Puerto Rico

[Firma Omitida]
Osvaldo Méndez González
Presidente Junta Examinadora de
Peritos Electricista de Puerto Rico

MIEMBROS DE LA JUNTA:

[Firma Omitida]
Adaberto Algorri Navarro

[Firma Omitida]
José A. Boada Ramírez

[Firma Omitida]
José L. Figueroa Aponte

[Firma Omitida]
Luis A. Sánchez Correa

[Firma Omitida]
Nelson Rivera Hernández

[Firma Omitida]
Aníbal Picón Vélez

Reg. 8644 Reglamento Uniforme de las Juntas Examinadoras Adscritas al Departamento de Estado del Estado Libre Asociado de Puerto Rico [RUJEDEPR]

ESTADO LIBRE ASOCIADO DE PUERTO RICO
DEPARTAMENTO DE ESTADO

Número: 8644
Fecha: 14 de septiembre de 2015
Aprobado: Hon. David E. Bernier Rivera
Secretario de Estado
Por: Francisco J. Rodríguez Bernier
Secretario Auxiliar de Servicios

Introducción y Perspectiva Histórica

El Plan de Reorganización número 7 del 1950 dispuso la transferencia de las funciones de la Oficina Administrativa de Juntas Examinadoras - agencia adscrita a la Oficina del Secretario Ejecutivo para ese año al Secretario de Estado.

Actualmente, el Departamento de Estado brinda apoyo administrativo a veintitrés (23) Juntas Examinadoras. Otras Juntas están adscritas al Departamento de Salud, que certifica y regula a los profesionales de dicha área. También existe otro organismo similar en el Tribunal Supremo el cual administra el Ejercicio de la Abogacía.

El Departamento de Estado, por medio de la Secretaría Auxiliar de Juntas Examinadoras, es responsable de proveer el apoyo administrativo, secretaria!, legal y operacional a cada Junta, así como custodia los expedientes de las Juntas, prepara agendas de trabajo, recibe y verifica las solicitudes que someten los candidatos a licencias profesionales y emite certificaciones de registro.

Además, mantiene un registro de las licencias expedidas por las Juntas Examinadoras y califica las partes teóricas de los exámenes que ofrecen algunos de estos organismos.

De igual forma, la Secretaría Auxiliar de Juntas Examinadoras es responsable de notificar a la ciudadanía asuntos relacionados con las Juntas, como por ejemplo, la celebración de exámenes y de vistas públicas. Para esto, se publican convocatorias del Departamento de Estado en los principales rotativos del país indicando la fecha límite para solicitar el examen, el lugar, el día en que habrá de celebrarse, las fechas límite para solicitar, requisitos y costos. Las juntas examinadoras se crean mediante leyes y sus miembros son nombrados por el (la) Gobernador (a) del Estado Libre Asociado de Puerto Rico, con el consejo y consentimiento del Senado.

Actualmente existen sobre 200,000 profesionales que poseen licencias expedidas por las Juntas Examinadoras adscritas al Departamento de Estado.

Capítulo I - Disposiciones Generales

Artículo 1.1 - Título

Este Reglamento se conocerá y citará como ***Reglamento Uniforme de las Juntas Examinadoras adscritas al Departamento de Estado de Puerto Rico*** (RUJEDEPR).

Artículo 1.2 - Base Legal

Al momento de la promulgación del presente Reglamento, están adscritas al Departamento de

Estado del Estado Libre Asociado de Puerto Rico las siguientes Juntas Examinadoras:

1. Junta Acreditadora de Actores Profesionales (Ley Núm. 1 34-1986, según enmendada)

2. Junta Examinadora de Agrónomos (Ley Núm. 20-1941, según enmendada)

3. Junta Examinadora de Arquitectos y Arquitectos Paisajistas (Ley Núm. 173-1988, según enmendada)

4. Junta Examinadora de Barberos y Estilistas en Barbería (Ley Núm. 146-1968, según enmendada)

5. Junta Examinadora de Especialistas en Belleza (Ley Núm. 431-1950, según enmendada)

6. Junta Examinadora de Contadores Públicos Autorizados (Ley Núm. 93-1945, según enmendada)

7. Junta Examinadora de Corredores y Vendedores de Bienes Raíces (Ley Núm. 10-1994, según enmendada)

8. Junta Examinadora de Delineantes (Ley Núm. 54-1976, según enmendada)

9. Junta Examinadora de Diseñadores y Decoradores {Ley Núm. 125-1973, según enmendada)

10. Junta Examinadora de Evaluadores de Bienes Raíces {Ley Núm. 277-1991, según enmendada)

11. Junta Examinadora de Geólogos [Ley Núm. 163-1996, según enmendada)

12. Junta Examinadora de Ingenieros y Agrimensores [Ley Núm. 173-1988, según enmendada)

13. Junta Examinadora de Operadores de Plantas de Aguas {Ley Núm. 53-1978, según enmendada)

14. Junta Examinadora de Peritos Electricistas [Ley Núm. 115-1976, según enmendada)

15. Junta Examinadora de Planificadores Profesionales (Ley Núm. 160-1996, según enmendada)

16. Junta Examinadora de Maestros y Oficiales Plomeros (Ley Núm. 88-1939, según enmendada)

17. Junta Examinadora de Químicos (Ley Núm. 97-1983, según enmendada)

18. Junta Examinadora de Contratistas de Selladores y Reparación de Techos (Ley Núm. 281-2000, según enmendada)

19. Junta Examinadora de Técnicos de Electrónica (Ley Núm. 99-1975, según enmendada)

20. Junta Examinadora de Técnicos y Mecánicos Automotrices (Ley Núm. 40-1972, según enmendada)

21. Junta Examinadora de Técnicos de Refrigeración y Aire Acondicionado (Ley Núm. 36-1970, según enmendada)

22. Junta Examinadora de Profesionales del Trabajo Social (Ley Núm. 171-1940, según enmendada)

23. Junta Reguladora de Relacionistas (Ley Núm. 204-2008)

Este Reglamento se promulga en virtud de las disposiciones de la Ley Núm. 41-1991, conocida como *"Ley de Juntas Examinadoras adscritas al Departamento de Estado"* según enmendada por la Ley Núm. 189-2007 y por la Ley Núm. 152-2008, al igual que en virtud de la Ley Núm. 8-2010, conocida como la *"Ley del Profesional Combatiente"*, la Ley Núm. 107-2003, conocida como *"Ley para la Administración de Exámenes de Reválida en el Estado Libre Asociado de Puerto Rico"*, Ley Núm. 88-2010 conocida como *"Ley para disponer que los aspirantes a tomar el examen de reválida de todas las profesiones que así lo requieran tendrán oportunidades ilimitadas para tomar y aprobar los mismos"*, Ley Núm. 284-2011 conocida como *"Ley para Establecer que los Requisitas Educativos en Puerto Rico sean Medidos. Acreditados, Licenciados y Aprobados en Créditos y en Horas, por Cualquier Entidad u Organismo Regulador o Acreditador de las Distintas Profesiones y Oficios"*, el Reglamento Núm. 7501 conocido como *"Reglamento de Gastos de Viaje del Departamento de Hacienda"* y la Ley Núm. 170-1988, según enmendada, conocida como *"Ley de Procedimiento Administrativo Uniforme"*, y por cada una de las leyes que regulan la admisión y el ejercicio de cada profesión en particular.

Se aclara que este reglamento en forma alguna varía lo dispuesto en cada una de las leyes orgánicas o reglamentos que regulan cada profesión u oficio. Entendiéndose por ello que de existir conflicto o discrepancia entre lo dispuesto en este reglamento y cualquiera de dichas leyes habilitadoras y sus reglamentos, prevalecerá lo dispuesto en las últimas.

Artículo 1.3 - Propósito

Este Reglamento se promulga con el propósito de uniformar y facilitar los procesos de las Juntas Examinadoras adscritas, o a adscribirse, al Departamento de Estado de Puerto Rico, respetando aquellas diferencias que puedan emanar de las distintas leyes y reglamentos que regulan cada profesión en particular.

Mediante este Reglamento se declaran y establecen las normas básicas y generales que regirán el funcionamiento de la Juntas de Examinadoras adscritas al Departamento de Estado de Puerto Rico recogidas en un sólo documento de manera uniforme, facilitándole así tanto al ciudadano como a los propios funcionarios públicos la mayor y cabal comprensión del complejo proceso administrativo detrás de la expedición de una licencia profesional. El reglamento incluye además los rubros de licenciamiento, la administración de exámenes, las disposiciones sobre educación continua, los costos para la obtención de las licencias y certificados, los procedimientos adjudicativos, medidas disciplinarias, nuevas disposiciones y cánones sobre Ética para los componentes de cada Junta y otras disposiciones generales.

Se establecen, además, disposiciones esenciales compatibles con los conceptos y enfoques modernos en la regulación de las profesiones y la prestación de servicios, y se establece el procedimiento administrativo de las Juntas para reglamentar la admisión, suspensión o separación del ejercicio de las profesiones u oficios adscritos al Departamento.

Artículo 1.4 - Alcance y Apoyo del Departamento de Estado

El Secretario de Estado será el Secretario Ejecutivo de las Juntas Examinadoras adscritas, o a adscribirse, al Departamento de Estado con facultad de participar sin derecho a voto en todas las reuniones de Juntas. El Secretario de Estado podrá delegar tal responsabilidad en otro funcionario.

El Departamento de Estado, a través de su Secretaría Auxiliar, será el responsable de proveer el apoyo administrativo, secretaria!, legal y operacional a las juntas examinadoras adscritas al Departamento de Estado, y de cualquier Junta que en el futuro se cree o le sea transferida. En tal carácter, proveerá asistencia a las Juntas Examinadoras en las siguientes áreas de funcionamiento:

1. Custodiar todos los registros, récords, libros de actas y otros documentos de las Juntas.

2. Dar publicidad periódica según lo disponga cada ley habilitadora, ya sea en la página web del

Departamento o en un periódico de circulación general, al Registro de todos los aspirantes admitidos a las diversas profesiones de las Juntas Examinadoras adscritas al Departamento.

3. Elevar a la página web del Departamento información relacionada con las Juntas Examinadoras, incluyendo el registro de nombramientos en línea, la base de datos de los profesionales, solicitudes de licencia, resoluciones de las juntas y cualesquiera otros documentos e información relacionada.

4. Recibir y enviar toda correspondencia oficial de las Juntas e informar a los presidentes de Juntas de los asuntos que requieran atención inmediata; la correspondencia adicional se revisará en cada reunión ordinaria.

5. Proveer los salones para las reuniones, según sea el caso de las Juntas.

6. Gestionar el local para la administración de exámenes de reválida y gestionar la publicación de avisos o convocatorias para dichos exámenes.

7. Proveer y facilitar el proceso de investigación y adjudicación de querellas administrativas a profesionales adscritos a las Juntas mediante la contratación de oficiales examinadores.

8. Tomar juramentos de fidelidad y de toma de posesión del cargo a los miembros de Juntas

Examinadoras nombrados por el Gobernador.

9. Referir al Departamento de Justicia los emplazamientos y demandas en las acciones que se incluyen como parte demandado al Secretario de Estado, a las Juntas Examinadoras o sus miembros cuando estos últimos sean demandados en su carácter oficial.

10. Representar a las Juntas Examinadoras ante los Concilios o Entidades Profesionales, Regionales o Internacionales y propiciar la participación de los miembros de Juntas Examinadoras en sus respectivas reuniones periódicas, según lo permitan las condiciones económicas prevalecientes.

11. Brindar apoyo legal especializado en cuanto a consultas de las Juntas relacionadas a sus respectivas funciones ministeriales y a asuntos relacionados a la promoción de legislación ante la Rama Legislativa; según el Secretario estime que van acorde a la política pública del Estado Libre Asociado de Puerto Rico.

Artículo 1.5 - Definiciones

A los fines de este Reglamento, las siguientes palabras o frases tendrán el significado que a continuación se expresa:

1. Agencia - significa cualquier junta, cuerpo, tribunal examinador, corporación pública, comisión, oficina independiente, división, administración, negociado, departamento, autoridad, funcionario, persona, entidad o cualquier instrumentalidad del Estado Libre Asociado de Puerto Rico u organismo administrativo autorizado por ley a llevar a cabo funciones de reglamentar, investigar, o que pueda emitir una decisión, o con facultades para expedir licencias, certificados, permisos, concesiones, acreditaciones, privilegios, franquicias, acusar o adjudicar, excepto:

a. El Senado y la Cámara de Representantes de la Asamblea Legislativa

b. La Rama Judicial

c. La Oficina del Gobernador y todas sus oficinas adscritas

d. La Guardia Nacional de Puerto Rico

e. Los gobiernos municipales o sus entidades o corporaciones

f. La Comisión Estatal de Elecciones

g. El Negociado de Conciliación y Arbitraje del Departamento del Trabajo y Recursos Humanos

h. La Junta Asesora del Departamento de Asuntos del Consumidor sobre el Sistema de

Clasificación de Programas de Televisión y Juguetes Peligrosos.

2. Acomodo Razonable (Reválida) - Significa el ajuste lógico y razonable a las condiciones establecidas para la administración de los exámenes de reválida, que atenúen el efecto que pudiera tener la condición de un impedimento en la capacidad del aspirante, sin que resulte en cualquiera de los siguientes:

a. Alterar fundamentalmente la naturaleza de los exámenes de reválida o la habilidad de la Secretaría Auxiliar de Juntas Examinadoras para determinar, mediante los exámenes de reválida, si el aspirante cumple con los requisitos esenciales de elegibilidad para ejercer una profesión u oficio en el Estado Libre Asociado de Puerto Rico, y si el aspirante posee el conocimiento y las destrezas evaluadas en los exámenes de reválida;

b. Imponer una carga indebida a la Secretaría Auxiliar de Juntas Examinadoras;

c. Comprometer la seguridad de los exámenes de reválida;

d. Comprometer la validez, integridad y confiabilidad de los exámenes de reválida.

3. Acomodo Razonable (Educación Continua) - Es el ajuste lógico y razonable a los requisitos establecidos en este Reglamento, que atenúe el efecto que pudiera tener un impedimento en la capacidad del técnico o profesional a tomar un curso de educación continua de cualquiera de la Juntas Examinadoras y obtener un aprovechamiento efectivo del mismo, sin que dicho ajuste resulte en cualquiera de los siguientes:

a. Alterar fundamentalmente el objetivo del programa de educación continua obligatoria, que es alentar y contribuir al mejoramiento profesional mediante el aprovechamiento efectivo de todo curso ofrecido, conforme dispone este Reglamento;

b. Imponer una carga indebida las Juntas Examinadoras en la función administrativa de certificar el cumplimiento del requisito de educación continua.

4. Aspirante - Personas que cumplen con los requisitos de estudios y/o de experiencia requeridas que interesan ser admitidas al ejercicio de una de las profesiones u oficios reglamentadas por las Juntas Examinadoras adscritas al Departamento de Estado.

5. Aspirante cualificado con impedimento - Aquel aspirante que tiene un impedimento y que;

a. Con o sin un acomodo razonable está capacitado para funcionar bajo las normas y prácticas regulares y aplicables a la administración de los exámenes de reválida; o

b. Con la remoción de barreras arquitectónicas, de comunicación o transporte, o con el beneficio de la asistencia y los servicios auxiliares razonables, cumpla con los requisitos esenciales de elegibilidad para ejercer una profesión u oficio en el Estado Libre Asociado de Puerto Rico y esté capacitado para demostrar que posee el conocimiento, las destrezas y las habilidades evaluadas en el examen de reválida.

6. Concilios - Son organizaciones o entidades profesionales regionales o internacionales, en su mayoría sin fines de lucro, y en otros casos relacionadas al gobierno que representan los intereses de diversas profesiones en sus jurisdicciones, en cuanto a la evaluación y medición de los estándares que rigen las distintas profesiones.

7. Cliente - Se refiere a la persona, natural o jurídica, que recibe servicios en el contexto de una relación profesional, los cuales pueden incluir niños, adolescentes, adultos, parejas, familias, grupos, organizaciones, comunidades, u otra población o entidad.

8. Citación - Documento expedido para ordenar a un(a) testigo, a un (a) reclamante o a cualquier parte, su comparecencia a algún procedimiento adjudicativo.

9. Colegio o Instituto - Cualquier organización creada por Ley o de acuerdo a las leyes de Puerto Rico que se cree para agrupar a técnicos o profesionales de una misma profesión u oficio.

10. Conflicto de intereses - Aquella situación en que el interés personal o económico está o puede razonablemente estar en pugna con el interés público. Aplica a los miembros de las Juntas así como a los miembros de los comités nombrados por éstas. Se entiende por apariencia de conflicto de interés aquella situación en que el miembro de la Junta o Comité crea la percepción de que la confianza pública ha sido o pudiera ser quebrantada, según lo pueda interpretar un número significativo de observadores imparciales, por lo cual entienden que no se ha actuado objetivamente.

11. Curso autorizado o acreditable - Curso de educación continua aprobado por la Junta al cumplir con todos los requisitos aplicables establecidos Capítulo 5 de este Reglamento.

12. Curso de Educación Continua ("Curso") - Es toda actividad educativa dirigida a los técnicos y profesionales para llenar sus necesidades de mejoramiento profesional, y diseñada con el fin de que éstos adquieran, desarrollen y mantengan los conocimientos y las destrezas necesarias para el desempeño de su oficio o profesión dentro de los más altos niveles de calidad y competencia.

13. Delito que conlleva depravación moral - Se refiere a cualquier conducta o acto inmoral, indecoroso y carente de profesionalismo de un profesional licenciado o aspirante a licencia por el cual ha sido convicto de un delito grave o menos grave que conlleve el menosprecio al orden jurídico vigente y la violación de las normas aceptadas de la práctica profesional, mediante el abandono, explotación, daño o abuso y que tiende a traer reproche o descrédito a las diversas profesionales adscritas.

14. Departamento - Departamento de Estado del Estado Libre Asociado de Puerto Rico.

15. Denuncia - imputación o queja radicada ante las Juntas por una persona natural o jurídica con respecto a una alegada violación a la Ley, este Reglamento, Código de Ética o el reglamento particular de la profesión u oficio.

16. Desestimación con perjuicio - acción de declarar sin lugar una causa de acción en donde la parte demandante pierde su derecho a reclamar nuevamente fundándose en la misma causa de acción.

17. Desestimación sin perjuicio - acción de declarar sin lugar una causa de acción sin que la parte demandante pierda su derecho a reclamar nuevamente fundándose en la misma causa de acción.

18. Días Laborables - Son los cinco días de la semana de lunes a viernes, excepto cuando alguno de ellos sea feriado o haya sido declarado como tal por el Estado Libre Asociado de Puerto Rico. En el cómputo de términos o límites de tiempo fijados, se excluirá el primer día y se contará el último. Todo plazo de entrega vencerá a las 4:30 p.m. del último día laborable del término correspondiente, disponiéndose que si éste fuera un día no laborable, vencerá el término al día laborable siguiente. La hora se determinará de acuerdo con el reloj ponchador de la Secretaría Auxiliar de Juntas.

19. División -Secretaría Auxiliar de Juntas Examinadoras adscritas al Departamento de Estado.

20. Divulgación efectiva - Se refiere a anunciar el ofrecimiento del curso a todos los miembros de la profesión mediante la publicación en un periódico de circulación general en Puerto Rico, o cualquier otro medio de divulgación alterno, tales como cartas circulares o publicaciones de Colegios, Institutos, o de Instituciones Públicas o Privadas en medios escritos o electrónicos.

21. Documentos confidenciales - Se refiere a los documentos clasificados como confidenciales tales como: Preguntas de exámenes, claves, notas y otros datos para la administración de reválidas, proveyéndose que una persona tendrá derecho a revisar los resultados de su examen. Incluye, además, opiniones o consultas legales sobre un asuntos consultados por la Junta a la Oficina de Asuntos Legales del Departamento de Estado.

22. Educación Continua - Actividad educativa diseñada y organizada para llenar las necesidades de los profesionales, con el propósito de que adquieran, mejoren y desarrollen los conocimientos y destrezas necesarias para el desempeño de sus funciones dentro de los más altos niveles de competencia profesional.

23. Examinador - Miembro de las Juntas o persona en quién las Juntas delegan, para administrar un examen de reválida.

24. Educación a distancia - Metodología de estudio mediante la cual el estudiante y el profesor se encuentran en espacios físicos distintos. Los educandos utilizan sistemas de apoyo diferentes a los estudiantes presenciales y se encuentran en un entorno no institucional la mayor parte del tiempo al realizar sus actividades académicas. Utiliza metodología electrónica para la enseñanza, asesoramiento académico, asesoramiento en investigación, apoyo y servicios administrativos, evaluación y otras interacciones entre los estudiantes y la facultad. El proceso de enseñanza aprendizaje puede ser sincrónico o asincrónico mediados por tecnologías de información y de comunicación. Es altamente planificado y requiere de técnicas especiales de diseño de cursos, de enseñanza y de comunicación entre estudiante-profesor y estudiante-estudiante.

25. Entidad Afín - Organización profesional localizado fuera de Puerto Rico que agrupa a los miembros de una profesión u oficio y que ofrecen a sus miembros programas de educación continua directamente o a través de sus proveedores certificados, cuyos programas sean de reconocida calidad o que hayan sido evaluados por las Juntas y encontrados que cumplen sustancialmente con los requisitos de este Reglamento.

26. Entidad profesional privada - Entidad jurídica privada cuyos miembros se dedican principalmente al ejercicio de la profesión u oficio.

27. Entidad profesional pública - Cualquier entidad adscrita a alguna de las tres ramas de gobierno estatal o federal, o a algún municipio.

28. Examen de Reválida - Prueba escrita o administrada mediante un computador de ejecución, utilizada para evaluar a los aspirantes al ejercicio de una profesión u oficio, cuyo propósito es determinar si el aspirante posee los conocimientos y destrezas mínimos para el ejercicio competente de dicha profesión u oficio.

29. Funcionario/a Autorizado/a - Persona autorizada para realizar los actos administrativos de una agencia, la cual pueda ser un/a Investigador/a, Técnico/a Legal, Abogado/a, o cualquier otro funcionario de la División delegado por el Secretario o las Juntas para dicha función.

30. Información confidencial - Toda información obtenida durante la relación entre el profesional adscrito y un cliente bajo la expectativa de que ésta no será divulgada.

31. Impedimento - Un impedimento físico o emocional que afecte sustancialmente una o más de las actividades principales de la vida del aspirante, y que limite sustancialmente la habilidad del aspirante para demostrar, en igualdad de condiciones con respecto al resto de los aspirantes, que posee el conocimiento, las destrezas y las habilidades evaluadas en los exámenes de reválida, que son necesarias para ser admitido al ejercicio de una profesión u oficio en el Estado Libre Asociado de Puerto Rico. Conlleva además la existencia de un historial previo del impedimento o la existencia de un historial previo en el que se considere que tiene un impedimento, aun cuando no lo tenga al momento. Incluye dos tipos de impedimento:

a. Impedimento físico - Desorden o condición fisiológica o pérdida anatómica que afecta uno o más de los sistemas del cuerpo humano.

b. Impedimento mental - Desorden mental o psicológico reconocido generalmente por la Medicina.

32. Institución de Educación Superior - Cualquier universidad, escuela profesional o institución educativa que ofrezca un programa de educación conducente al grado de bachillerato, maestría y/o doctorado autorizada por el Consejo de Educación de Puerto Rico para operar en Puerto Rico. En caso de instituciones extranjeras, ésta debe estar acreditada por una entidad acreditadora reconocida por el Departamento de Educación de los Estados Unidos o una entidad homóloga en caso de otros países.

33. Interventor/a - Significa aquella persona que no sea parte original en cualquier procedimiento adjudicativo que la División lleve a cabo y que haya demostrado su capacidad o interés en el procedimiento conforme requieren este Reglamento.

34. Junta, Juntas, Junta Examinadora o Juntas Examinadoras - Juntas Examinadoras adscritas al Departamento de Estado de Puerto Rico por virtud de la Ley Número 45-1991, según enmendada y cuyas leyes orgánicas les requieran establecer requisitos de registro para el ejercicio de una profesión u oficio en el Estado Libre Asociado de Puerto Rico. En singular, cualquiera de ellas.

35. Justa Causa- Cualquier evento, motivo, razón o circunstancia que este fuera del control de los miembros de las juntas examinadoras o del personal administrativo del Departamento y que impida cumplir a los mismos con sus deberes ministeriales inmediatos. Esto incluye, situaciones de emergencia tales como desastres naturales, enfermedades prolongadas o sucesos inciertos e inesperados.

36. Ley 170 (o Ley 170 de 1988) - Ley Núm. 170-1988, según enmendada, conocida como Ley de Procedimiento Administrativo Uniforme del Estado Libre Asociado de Puerto Rico.

37. Ley Habilitadora o Ley Orgánica - aquellas leyes particulares a cada profesión u oficio que al momento de la vigencia de este reglamento establecen todo lo concerniente a la reglamentación de dicha profesión u oficio.

38. Miembro o Funcionario - Se refiere a cada uno de los miembros o funcionarios que integran las Juntas.

39. Negligencia Crasa - Error, acción u omisión de carácter grave de cualquier profesional licenciado o certificado que ponga en peligro o cause daño a la salud, seguridad o bienestar de personas como consecuencia de, o inherentes a, servicios profesionales ofrecidos o que debieron haber sido provistos por el profesional.

40. Normas Éticas - Disposiciones que rigen la conducta del profesional adoptadas por las Juntas y contenidas en el código de ética o conducta de este reglamento y de cada profesión.

41. Oficial Examinador/a - Funcionario/a, que será licenciada/o en Derecho, designado/a por el Secretario o su designado para investigar y examinar la prueba de alguna queja, evaluar los méritos de la misma y hacer una recomendación a la Junta sobre la adjudicación formal de los hechos y el derecho a base del expediente del caso y conforme a este Reglamento.

42. Orden o Resolución - Cualquier decisión o acción de aplicación particular que adjudique derechos u obligaciones de una o más personas específicas, que ordene la realización de un acto y/o el cese y desista y/o mostrar causa y/o que imponga penalidades y/o sanciones administrativas y/o cualquier orden especifica de acuerdo a las circunstancias de cada caso.

43. Orden Interlocutoria - Acción que disponga de algún asunto procesal, pero no resuelva con carácter final una controversia.

44. Orden o Resolución parcial - Acción que adjudique algún derecho u obligación sin poner fin a la totalidad de una controversia, sino a un aspecto específico de la misma.

45. Parte - cualquier persona natural o jurídica o grupo con capacidad para comparecer ante las Juntas.

46. Parte querellante - En los procedimientos adjudicativos, será siempre la parte que invoque o solicite un remedio adecuado a su determinada queja o querella.

47. Parte querellada - Persona natural o jurídica, agencia o entidad privada contra la que se presenta una queja o querella.

48. Participación Activa -Proceso que seguirán las Juntas para solicitar la opinión de los Colegios o Instituciones al aprobar o enmendar su respectivo reglamento de educación continua, siempre que dichas Instituciones también lleven a cabo funciones de educación continua.

49. Período de cumplimiento - Período establecido para ampliar los requisitos de créditos de educación continua por las Juntas Examinadoras en sus respectivos reglamentos de educación continua.

50. Proveedor - Persona natural o jurídica que ofrece cursos de educación continua cuyo ofrecimiento se lleve a cabo de conformidad con este Reglamento.

51. Persona - Persona natural o jurídica independientemente de su denominación y de la forma que esté constituida.

52. Proveedor de Educación Continua - Organizaciones profesionales, tales como Colegios o Asociaciones legalmente constituidas o instituciones educativas acreditadas, que hayan sido evaluados por las Juntas y designadas por éstas para ofrecer educación continua en Puerto Rico, exceptuando aquellas Profesiones que por disposición de su ley habilitadora la educación continua, éste ofreciendo está a cargo de un colegio o instituto en particular.

53. Queja o solicitud de investigación - Cualquier reclamación, reclamo o solicitud presentada por una persona mediante comunicación escrita, vía facsímil o correo electrónico o cualquier otro medio disponible, con el propósito de hacer valer un derecho y solicitar un remedio.

54. Querella - Reclamación formal (i. e., lo cual es referido a un Oficial Examinador) presentada a la Junta con el propósito de hacer valer el derecho de un reclamante, la política pública y solicitar un remedio adecuado. Incluirá acciones iniciadas para hacer cumplir las leyes y reglamentos, así como normas, protocolos y guías internas adoptadas en cumplimiento de ley. La Querella se fundamenta en una Queja que, luego de una evaluación inicial, la Junta entiende que tiene méritos.

55. Querellante - Se refiere a cualquiera de las siguientes:

a. Persona que alega haber sido directamente perjudicado por el servicio prestado por un profesional licenciado o certificado por las Juntas Examinadoras o en el caso de un menor de edad o incapacitado mental, su tutor o representante legal.

b. Profesional Licenciado o certificado de las Juntas Examinadoras que tiene conocimiento de una violación al Código de Ética, la Ley o los

Reglamentos y que ha agotado sus recursos de intervención directa para remediar la situación o que estima que su intervención directa no habrá de remediar los daños o el peligro que dicha violación pueda representar.

c. Persona, institución, agencia u organización que intenta proteger a un individuo o al público en general, de comportamiento falto de ética o de cualquier violación a la Ley o los Reglamentos por parte de un profesional.

d. Cualesquiera de los Miembros de las Juntas Examinadoras, el Secretario de Estado de Puerto Rico y otros funcionarios públicos del sistema judicial de Puerto Rico.

56. Querellado - Profesional licenciado o certificado que es objeto de una querella.

57. Quórum - es la proporción o número de asistentes que se requiere para que una sesión de los Miembros de Juntas Examinadoras, dentro del procedimiento parlamentario pueda comenzar, tomar o adoptar una decisión válida.

58. Reciprocidad - Acuerdos entre jurisdicciones para otorgar un "trato igual" para expedir licencias o certificados a solicitantes de otras jurisdicciones sujetos al crédito/convalidación de los respectivos requisitos que incluyen grados académicos, cursos, adiestramientos, experiencia y exámenes de reválida con el fin de otorgar la respectiva licencia o certificado.

59. Requerimiento de información - Comunicación a cualquier persona, en la cual se le requiere la producción de documentos, objetos o información pertinente a alguna investigación en progreso.

60. Secretario - Secretario de Estado de Puerto Rico o el funcionario por él delegado para actuar como Secretario Ejecutivo de todas las Juntas Examinadoras, con facultad en ley para participar, sin derecho a voto, en todas sus reuniones.

61. Secretario/a de las Juntas - Miembro de las Juntas escogido por sus compañeros por un término determinado para ejercer las funciones de dicha posición.

62. Secretaría Auxiliar - Secretaría Auxiliar de Juntas Examinadoras.

63. Técnico o Profesional - Toda persona que ha obtenido una licencia de una de las Juntas Examinadoras adscritas al Departamento de Estado, cuya Ley Orgánica le requiera cumplir requisitos de registro.

64. Transmisión electrónica - Procedimiento en el cual un ciudadano transmite una solicitud o información por medio electrónico incluyendo la transmisión digital de un documento mediante un computador para completar una solicitud de licencia u examen.

Capítulo 2 - Composición y Funcionan1iento de las Juntas

Artículo 2.1 - Composición de las juntas

1. Las Juntas Examinadoras como organismos gubernamentales adscritos al Departamento de Estado serán responsables de salvaguardar los mejores intereses del pueblo contribuyendo en la admisión de profesionales competentes que brindarán servicios directos e indirectos a la ciudadanía, con aquellos poderes para reglamentar la admisión, suspensión o separación del ejercicio de las diversas profesiones adscritas, según lo establezcan cada una de sus leyes habilitadoras.

2. Las Juntas estarán integradas por miembros nombrados por el Gobernador de Puerto Rico, con el consejo y consentimiento del Senado. Cuando un miembro de las Juntas que en fecha posterior a su nombramiento, confirmación y posesión del cargo cambie de área de desempeño profesional, y no haya la oportunidad de desempeñarse en otra de las posiciones de las Juntas que no requiera ser un miembro de dicha profesión, dicho miembro presentará al Gobernador su renuncia a los fines de que se nombre un nuevo miembro.

3. Ningún miembro de las Juntas podrá ser dueño, accionista o pertenecer a la Junta de Síndicos o Junta de Directores de una universidad, colegio o escuela técnica donde realicen estudios conducentes a su grado profesional.

Artículo 2.2 Vacantes

1. Toda vacante que ocurra antes de expirar el término de nombramiento del miembro que la ocasione, será cubierta de la misma forma que éste fue nombrado y ejercerá sus funciones por el término que fue nombrado su antecesor. Cuando una vacante ocurra por razón de la expiración del término de nombramiento, el Presidente de la Junta deberá notificar tal hecho al Gobernador, y al Colegio o Asociación correspondiente, si la hubiere, de cada profesión con no menos de sesenta (60) días de anterioridad a la fecha de expiración de dicho nombramiento de forma tal que se agilice el proceso de nombramiento del nuevo miembro.

2. Separación del cargo- El Gobernador, por iniciativa propia o por petición de la Junta, podrá separar del cargo a cualquier miembro de una Junta por negligencia en el desempeño de sus funciones como miembro de la misma, por negligencia en el ejercicio de su profesión u ocupación, por haber sido convicto de delito grave o de delito menos grave que implique depravación moral o cuando se le haya suspendido, cancelado o revocado su licencia.

Artículo 2.3 Dietas

Los miembros de las Juntas no devengaran salario, honorarios, compensación o remuneración alguna por el desempeño de sus funciones. Sin embargo, los miembros de las Juntas, incluso los que sean funcionarios o empleados públicos, tendrán derecho, si así lo establece su ley habilitadora, a dieta por día o fracción de día por cada reunión a la que asistan, según sea establecido en su respectiva ley habilitadora. El Presidente de cada Junta, por su parte, y si así lo permite su ley habilitadora, recibirá una dieta equivalente al ciento treinta y tres por ciento (133%) de la dieta que recibirán los demás miembros de las Juntas. Además, se les rembolsarán los gastos de transportación en que incurran necesariamente en el desempeño de sus funciones, sujeto a los reglamentos del Departamento de Hacienda que sean aplicables.

Artículo 2.4 Viajes

Sección 1 - Procedimiento

Todo miembro de las Juntas Examinadoras adscritas al Departamento de Estado de Puerto Rico

que solicite un viaje oficial ya sea dentro de la jurisdicción del Estado Libre Asociado de Puerto Rico o fuera de ésta deberá cumplir con las disposiciones establecidas en el Reglamento 7501 de Gastos y Viajes del Departamento de Hacienda y las disposiciones establecidas en este reglamento.

El Procedimiento será el siguiente:

1. Se deberá someter por escrito una solicitud firmada y fechada con un mínimo de 90 días con antelación del viaje con copia de la Resolución de las Juntas que evidencie la aprobación interna por la mayoría de los presentes (quórum) en sesión ordinaria o extraordinaria dirigida al Secretario de Estado con copia a la División de Finanzas del Departamento de Estado con un resumen sucinto y sencillo de los propósitos del viaje un resumen detallado de los costos estimados del viaje incluyendo, costo de registro, transportación aérea (si aplica), transportación terrestre, alojamiento y gastos estimados de desayuno, almuerzo y cena.

2. Una vez sometida la petición el Secretario de Estado tendrá treinta (30) días para aprobar o denegar la petición del viaje mediante comunicación escrita a la Junta Examinadora peticionaria.

3. El Secretario de Estado como Secretario Ejecutivo de las Juntas Examinadoras tendrá discreción de denegar o aprobar la respectiva petición de acuerdo a los mejores intereses del Pueblo de Puerto Rico, siempre

salvaguardando los aspectos de una sana administración y uso de fondos públicos como el criterio rector para su determinación.

4. De ser aprobada la solicitud el Departamento, éste, siguiendo la directriz vigente del Gobernador al momento de esta aprobación, cursará, de ser necesario, la solicitud al Secretario de la Gobernación para su aprobación final, y desembolsará la cantidad aprobada treinta (30) días antes del viaje a los peticionarios miembros de Juntas.

5. Si el peticionario miembro de Juntas presenta su solicitud pasados los noventa (90) días con antelación de acuerdo al inciso (a) podrá correr el riesgo de que su solicitud no sea tramitada a tiempo. En ese caso deberá incurrir en gastos personales para cubrir su deber ministerial y el Departamento desembolsará la cantidad correspondiente no más tardar de treinta (30) días luego de consumado el viaje, mediante la presentación de copia de recibos de los gastos incurridos.

Sección 2 · Estipendio

Sujeto a las normas y reglas del Departamento todo miembro de las Junta Examinadoras que tenga una gestión o reunión oficial que a requerimiento de las funciones de su puesto, tenga que viajar en asuntos oficiales en Puerto Rico, tendrá derecho si así lo permite la ley habilitadora a dietas para gastos de desayuno, almuerzo, comida, millaje y alojamiento, de acuerdo con la hora de salida y regreso a su residencia oficial o privada, según sea el caso, conforme a la siguiente escala:

Partida antes de	Regreso después de	Cantidad
Desayuno	6:30 a.m. 8:00 a.m.	$6.00
Almuerzo	12:00 p.m. 1:00 p.m.	$10.00
Comida	6:00 p.m. 7:00 p.m.	$11.00

El horario establecido anteriormente, es para determinar la parte o partes de la dieta que tendrá derecho a reclamar el miembro conforme al período en el cual realiza la misión oficial, independientemente de cuál sea el horario establecido por el Departamento como jornada regular de trabajo. Se les computará la dieta desde el momento que salen de su residencia privada u oficial hasta el momento que regresen a la misma.

Sección 3 · Miembros designados(as) a viajar en Puerto Rico; gastos en Alojamiento

El miembro designado(a) a viajar en asuntos oficiales en Puerto Rico tendrá derecho, si así lo permite la ley habilitadora, al rembolso de los gastos de alojamiento realmente incurridos mediante la presentación de facturas comerciales, recibos o las evidencias correspondientes. En caso de que les sea imposible obtener esta evidencia presentará una certificación al efecto. El importe diario a rembolsar por alojamiento será: sesenta dólares ($60.00). El miembro que decida viajar diariamente a su residencia oficial o privada en lugar de permanecer en la residencia temporera se le rembolsará el importe de alojamiento más la dieta aplicable de haber permanecido en su residencia temporera.

Para estos casos el importe diario a rembolsar por alojamiento será: sesenta dólares ($60.00). El miembro que durante el viaje hacia su residencia temporera u oficial o privada y que por circunstancias imprevistas se vea en la necesidad de utilizar algún lugar de alojamiento, tendrá derecho al rembolso de dicho gasto.

Los miembros que estén de vacaciones fuera de su residencia privada y se les requiera realizar una misión oficial, se les rembolsarán los gastos de transportación en que incurran. Si durante las vacaciones se encuentran fuera de Puerto Rico y se les requiere realizar una misión oficial en el lugar donde se encuentren de vacaciones, se les rembolsarán los gastos de transportación, dietas y cualquier gasto (excursiones, taquillas, entre otros) que pueda ocasionar dicha encomienda.

Sección 4 - Uso de automóvil propio

El miembro que fuere autorizado(a) a usar su propio automóvil en asuntos oficiales de su cargo se le rembolsará el importe de los gastos de viaje en que incurra de acuerdo con la tarifa establecida por el Reglamento de Gastos de Viaje del Departamento de Hacienda, previa presentación de licencia y registración del vehículo a su nombre.

Sección 5 - Pasajeros (as) adicionales en automóvil propio

Por cada funcionario(a), persona visitante o persona particular que además del/la dueño(a) haya sido autorizado(a) a viajar en el mismo automóvil en asuntos oficiales, se concederá al/la dueño(a), dos centavos (.02C) adicionales por milla recorrida. Cuando se reclame pago adicional por pasajero(a) que además del/la dueño(a) viajen en el mismo automóvil, deberá indicarse en el comprobante de viaje los nombres de todos(as) los(as) pasajeros(as) que tengan órdenes de viaje.

Estos(as) últimos(as) no podrán recibir pago alguno por concepto de gastos de transportación.

Sección 6 - Transportación de carga en automóvil propio

En los casos en que para realizar la gestión oficial sea imprescindible transportar material, equipo o cualquier otra propiedad del Departamento en el vehículo privado en exceso de cien (100) libras, se concederá el pago adicional según establecido en el Reglamento de Gastos de Viaje del

Departamento de. Para tener derecho a esta compensación deberá especificarse en la Orden de Viaje.

Sección 7 - Cómputo de millaje para rembolso

Para determinar la cantidad a pagar por concepto de millaje se utilizará la Tabla de Distancia en Millas, entre pueblos e importe de Millaje a Pagar, preparada por el Departamento de Hacienda.

Cuando se viaje dentro de los límites jurisdiccionales de un pueblo a otros lugares que no aparezcan en la tabla antes indicada, la cantidad a rembolsar por concepto de millaje se computará a base del número de millas recorridas según se determine de la lectura de la cuenta millas del automóvil. La División de Finanzas determinará la razonabilidad de las millas reclamadas por el/la miembro, usando como guía las distancias en millas entre pueblos, experiencias anteriores, o una herramienta tecnológica confiable.

Sección 8 - Dietas para asuntos oficiales fuera de Puerto Rico

Las dietas para viajes en asuntos oficiales fuera de Puerto Rico y el rembolso de los gastos de la transportación y alojamiento se computarán de acuerdo con el reglamento de Gastos de Viajes del Departamento de Hacienda, Reglamento Núm. 7501 del 2008. No se pagarán gastos que se consideren extravagantes, excesivos o innecesarios, se definen como sigue:

1. Extravagante: Gasto fuera de lo común, contra razón, ley o costumbre, que no se ajuste a las normas de utilidad y austeridad del momento.

2. Excesivo: Gasto por artículos, suministros o servicios cuyos precios cotizados sean mayores que aquellos que normalmente se cotizan en el mercado al momento de adquirirlos o comprarlos o cuando exista un producto sustituto más barato e igualmente durable, que pueda servir para el mismo fin con igual resultado o efectividad.

3. Innecesario: gasto por materiales o servicios que no son indispensables o necesarios para que el (la) miembro pueda desempeñar las funciones que por ley se le han encomendado.

Artículo 2.5 - Reuniones de la Juntas

1. La Juntas celebrarán, y sin limitarse a, no menos de doce (12) reuniones anuales ordinarias para atender resolver sus asuntos oficiales.

2. Aquellas juntas con mayor demanda de solicitudes deberán hacer los arreglos pertinentes para reunirse de manera bimensual siendo la primera reunión entre el primero (1) y el quince (15) de cada mes y la segunda reunión entre el dieciséis {16) y el último día del respectivo mes.

Artículo 2.6 - Estructura y funcionamiento interno de las Juntas

1. La Juntas elegirán un presidente/a, un vicepresidente/a y un secretario/a de entre los miembros confirmados que la integran. El vicepresidente ejercerá las funciones del presidente en caso de ausencias temporeras de éste. Los oficiales ocuparán sus puestos por el término de la fecha que reste de su nombramiento, contado desde la fecha de su respectiva elección, pudiendo ser reelecto por dos (2) términos adicionales consecutivamente salvo que la ley habilitadora de cada junta disponga lo contrario.

2. La Juntas adoptarán un reglamento para su funcionamiento interno y levantarán actas de sus reuniones mediante un método apropiado. Cada acta será firmada por dos (2) de los miembros que hayan asistido a dicha reunión, además de que en cada reunión se dará lectura y aprobaran las actas de la reunión anterior, salvo que se den por leídas cuando hayan sido circuladas con anterioridad.

Artículo 2.7 -Facultades, funciones y deberes de las Juntas y sus miembros

La Juntas tendrán las siguientes facultades, funciones y deberes, además de cualesquiera otras dispuestas en la Ley Núm. 45 de 5 de agosto de 1991 (Ley de Juntas Examinadoras) y las que establezcan sus respectivas leyes orgánicas.

1. Facultades de las Juntas:

a. Autorizar el ejercicio a los profesionales solicitantes que cumplan con todos los requisitos establecidos en su ley habilitadora y este Reglamento, y expedirles la licencia o el certificado, según corresponda, bajo la firma del Presidente de la Junta.

b. Denegar, suspender o revocar cualquier licencia o certificado a toda persona que no cumpla con las disposiciones de las leyes y los cánones de ética que reglamentan el ejercicio de cada profesión.

c. En aquellos casos que así lo establezcan las leyes orgánicas de cada profesión u oficio en particular; (i) podrá ofrecer los exámenes de reválida a los aspirantes a licencia o certificado a cada profesión adscrita por lo menos dos (2) veces al año; (ii) designar fechas, lugar y hora de dichos exámenes; {iii) notificar los resultados de los exámenes en un término razonable no mayor de sesenta {60) días laborales, después de haber sido administrados los mismos.

En el caso de las Juntas que delegan el ofrecimiento y administración de los exámenes de reválida a los Concilios y sus proveedores, éstos serán ofrecidos y evaluados de acuerdo a los procedimientos establecidos por dichos Concilios.

d. En aquellos casos que así lo establezcan las leyes orgánicas de cada profesión u oficio en particular, podrá autorizar o denegar la recertificación y/o la reactivación de profesionales adscritos según requerido y conforme con los términos y condiciones establecidos por la disposiciones de educación continua de este reglamento y la Ley Núm. 284 de 30 de diciembre de 2011 conocida como "Ley para Establecer que los Requisitos Educativos en Puerto Rico sean Medidos, Acreditados, Licenciados y Aprobados en Créditos y en Horas, por Cualquier Entidad u Organismo Regulador o Acreditador de las Distintas Profesiones y Oficios".

e. Sólo en aquellos casos que así lo establezcan específicamente las leyes orgánicas de cada profesión u oficio en particular, podrá establecer los requisitos, evaluar y reconocer certificados de especialidades dentro de cada profesión otorgados por agencias e instituciones educativos reconocidas por instituciones acreditadoras en Puerto Rico, Estados Unidos o internacionalmente, que cumplan con los criterios establecidos por las Juntas dentro de este Reglamento.

f. Preparar y mantener actualizado un registro oficial de las licencias de cada profesional licenciado y de los certificados que se expidan.

g. Desarrollar y mantener un sistema de información confidencial sobre las licencias y certificados denegados, expedidos, suspendidos o revocados, incluyendo los resultados de reválida de las características de los revalidados en cuanto a edad, sexo, escuela de donde provienen, índice académico al iniciar y finalizar sus estudios profesionales o técnicos y cualesquiera otras características o datos que las Juntas estimen necesarios y convenientes para mantener actualizado un sistema de información confiable y adecuado.

h. Establecer relaciones estadísticas sobre los datos en el sistema de información, manteniendo la confidencialidad de los datos individuales de las personas afectadas.

i. Aprobar y promulgar, mediante reglamento o resolución aprobada por los miembros de las Juntas, las normas que sean necesarias para reglamentar el ejercicio profesional y la ocupación de cada profesión con el propósito de proteger y garantizar la mejor salud, seguridad y bienestar del pueblo.

j. Iniciar investigaciones o procedimientos administrativos por iniciativa propia, o por querella debidamente juramentada, o querella formal del Secretario de Estado, o Secretario de Justicia, o de los respectivos Colegios o Asociaciones profesionales de cada profesión, o por alguna agencia estatal y/o federal contra un profesional o aspirante de las Juntas que incurra en violación a las disposiciones de las leyes, reglamentos y cánones de ética que reglamentan cada profesión las cuales serán referidas de ser necesario al Oficial Examinador para el trámite correspondiente.

k. Establecer los mecanismos de consulta y coordinación que sean necesarios para llevar a cabo sus funciones y para cumplir con los propósitos de la Ley Núm. 41 de 5 de agosto de 1991, conocida como "Ley de Juntas Examinadoras adscritas al Departamento de Estado" y con los propósitos de sus respectivas leyes orgánicas, incluyendo la recomendación sobre la contratación por el Secretario de los servicios profesionales y técnicos que sean esenciales para las Juntas.

l. Establecer los procedimientos y mecanismos convenientes para lograr un intercambio de información con aquellas instituciones de educación superior de Puerto Rico y del exterior que tienen programas, colegios o escuelas dedicadas a la formación y educación de profesionales sobre los últimos avances, desarrollos, descubrimiento y estudios en el campo de cada profesión.

m. Lograr acuerdos o convenios con juntas examinadoras o entidades similares de otras jurisdicciones para el intercambio de información sobre las licencias o certificados de cada profesión otorgados, denegados, suspendidos, o revocados y sobre otras sanciones impuestas a sus miembros.

n. Entrar en convenios o acuerdos de reciprocidad para el ejercicio de las diversas profesiones con organismos o entidades competentes y oficiales de otras jurisdicciones.

o. Participar en conjunto con agencias gubernamentales, organizaciones y asociaciones profesionales en actividades dirigidas a promover el mejoramiento de los estándares de la práctica de las profesiones, para la protección de la salud y el bienestar público.

p. Mantener un registro de todas las instituciones de educación superior de Puerto Rico que tengan colegios o programas acreditados; y de las instituciones educativas acreditadas o reconocidas por la autoridad competente que ofrecen programas de sobre las diversas profesiones.

q. Adoptar un sello oficial el cual tendrá forma circular y se hará adherir o imprimir este sello en el original de todo documento oficial expedido por las Juntas.

r. Adoptar las reglas y reglamentos necesarios para la aplicación en conformidad con las disposiciones de la ley Núm. 170 de 12 de agosto de 1988, según enmendada, conocida como "ley de Procedimiento Administrativo Uniforme para el Estado Libre Asociado de Puerto Rico".

s. Periódicamente, y según las Juntas lo estimen necesario para salvaguardar el bienestar del pueblo de Puerto Rico, colaborar con la Asamblea legislativa, las agencias reglamentarias estatales y/o federales para iniciar investigaciones y promover legislación para medir y mejorar el funcionamiento de las Juntas Examinadoras y sus profesionales en el sector público y privado.

t. Rendir al Gobernador, por conducto del Secretario de Estado, un informe anual sobre los trabajos y gestiones realizadas durante el año a que corresponda que podrá incluir, sin que se entienda como una limitación: datos estadísticos de las licencias y certificados expedidas, denegadas y revocadas, querellas investigadas y resueltas, querellas pendientes de resolución a la fecha del informe, ingresos por cualesquiera conceptos recibidos por las Juntas a menos que la ley habilitadora de las Juntas disponga lo contrario, y cualquier otra información que le requiera el Secretario, o que, a juicio de las Juntas, resulte pertinente.

u. Evaluar, valorar, autorizar y determinar el número de créditos a acreditar, o denegar las actividades de educación continua para las diversas profesiones, en aquellos casos en que sus leyes habilitadoras le concedan tal autoridad y vigencia.

v. Evaluar, recomendar o denegar a proveedores de educación continua en las diversas profesiones, en aquellos casos en que sus leyes habilitadoras le concedan tal autoridad y vigencia.

w. Citar testigos a comparecer ante ésta en pleno o ante cualquiera de sus miembros, o ante un Oficial Examinador, a quien se le haya encomendado la investigación de un asunto o el examen de algún documento, para que presten testimonio o presenten cualquier libro, expediente, registro, récord o documento de cualquier naturaleza relacionado con un asunto dentro de la jurisdicción de las Juntas. Toda citación expedida por las Juntas deberá llevar el sello oficial de la misma y estar firmada por el Presidente de ésta.

x. Las Juntas podrán solicitar al Secretario de Justicia el acudir el Tribunal de Primera Instancia en solicitud de auxilio a su poder de citación.

y. Delegación de Funciones - Las Juntas podrán delegar en uno o más Oficiales Examinadores cualesquiera de sus poderes y funciones de naturaleza investigativa y adjudicativa incluyendo la facultad de solicitar juramentos, citar testigos y requerir la entrega de evidencia documental y de otra índole. {Ver Capítulo Núm. 6 del Reglamento). Las Juntas podrán nombrar comités de profesionales a quienes podrán delegar las funciones que no hayan sido determinadas como indelegables por las leyes y reglamentos correspondientes.

2. Deberes de los miembros de la Junta:

a. Velar y cooperar por el fiel cumplimiento de la ley y de los reglamentos por los que se rigen la Juntas.

b. Asistir a todas las reuniones de las Juntas con puntualidad y participar en sus deliberaciones.

c. Desempeñar y realizar todas las funciones antes mencionadas y otras encomiendas y responsabilidades que le sean asignadas por el presidente, o por las Juntas.

d. Firmar, en original o con sello electrónico, las actas de las reuniones; por lo menos dos (2) de los miembros que hayan estado presentes.

e. El presidente Firmará, en original o con sello electrónico, las licencias o certificados permanentes que expidan las Juntas.

f. Otros documentos y certificaciones podrán ser firmados por el presidente, un miembro de las Juntas, o un representante autorizado.

g. La mayoría de los miembros, firmarán o autorizarán electrónicamente el registro de los facsímiles de las licencias expedidas por la Juntas, que se mantendrá en la Secretaría Auxiliar de Juntas Examinadoras del Departamento.

h. Actuar siempre de forma respetuosa e imparcial en todas las gestiones y reuniones y en la toma de decisiones oficiales de las Juntas.

i. Manejar en forma confidencial y no develar información recibida por las Juntas o sobre asuntos discutidos en las reuniones de las Juntas, investigaciones administrativas, exámenes de reválida, o vistas públicas, entre otras.

j. No hacer expresiones públicas o privadas que comprometan, atenten o develen información sobre los miembros de las Juntas, las decisiones tomadas o asuntos discutidos; salvo por previa autorización de las Juntas y/o el presidente.

3. Oficiales de las Juntas:

a. El presidente será el principal oficial y portavoz de las Juntas, seguido por el vicepresidente y el secretario.

b. Los demás miembros de la Juntas actuarán como vocales.

c. El presidente, vicepresidente y secretario ocuparán sus puestos por el término mínimo de un (1) año, contando desde la fecha de su elección, pudiendo ser reelectos a términos subsiguientes según lo determinen los miembros de la Junta, a menos que la ley habilitadora de las Juntas disponga lo contrario.

d. Anualmente, aproximadamente en el mes noviembre, o en cualquier momento con quórum las Juntas se podrán reunir para seleccionar los puestos de presidente, vicepresidente y/o secretario, a menos que la ley habilitadora de las Juntas disponga lo contrario.

e. En caso de ausencia, incapacidad o muerte, el vicepresidente sustituirá al presidente y se elegirá un nuevo vicepresidente. Estas personas ocuparán los respectivos cargos por el término para el cual fueron electos sus antecesores.

4. Deberes del Presidente:

El presidente tendrá como deberes:

a. Cumplir y hacer cumplir las leyes y reglamentos por los cuales se rigen las Juntas.

b. Representar a la Juntas en todos aquellos actos oficiales que requieran la presencia del organismo.

c. Convocar a los miembros de las Juntas a reuniones ordinarias o extraordinarias "motu proprio", cuando la mayoría de los miembros que constituyan quórum lo solicite o cuando así sea necesario.

d. Planificar, citar, y dirigir las sesiones de las Juntas.

e. Preparar con el Secretario de la Junta y presentar un informe anual dirigido al Secretario de Estado sobre las actividades de las Juntas, según descrito en los Deberes de la Juntas.

f. Tomar juramento a toda persona que fuere citada y requerida por las Juntas a declarar ante dichos organismos.

g. Examinar, supervisar y dirigir los trabajos de las Juntas así como la custodia de todo otro récord de las Juntas, velando porque éstos estén en orden, y que todas las actividades de las Juntas estén al día.

h. Coordinar y dirigir la revisión de este Reglamento, de forma tal se mantenga a tono con las necesidades de la práctica de cada profesión en Puerto Rico y Estados Unidos.

i. Refrendar las certificaciones de los actos oficiales de las Juntas que soliciten al Secretario de Estado.

5. Deberes del Vicepresidente

a. Presidir las sesiones de la Juntas en ausencia del presidente y asumir todos sus deberes y responsabilidades en caso de ausencia, enfermedad, incapacidad o muerte del presidente.

b. Ayudar al presidente en sus funciones, cuando éste así se lo requiera y desempeñar cualquier otra función especial que le encomiende el presidente.

6. Deberes del Secretario - El Secretario de las Juntas tendrá los siguientes deberes y facultades:

a. Realizará todas aquellas funciones que le sean encomendadas o delegadas por el Presidente, las Juntas en pleno o en virtud de Ley o Reglamento;

b. Firmará junto al Presidente todo documento oficial emanado de las Juntas y cualquier otro documento autorizado por leyes y reglamentos relacionados. Firmará personalmente o a través del personal administrativo por él designado, toda certificación de copia de documentos existentes en las Juntas así como certificaciones de licencia ("Good Standing");

c. Certificará la asistencia por sesiones de los miembros de la Juntas;

d. Llevará un libro de actas de las sesiones, las que deberán ser aprobadas por las Juntas en la próxima reunión ordinaria y firmadas por el Presidente y el Secretario;

e. Velará porque las actas y el registro de las reuniones no públicas sean privilegiadas y confidenciales, excepto para las Juntas o sus designados para el cumplimiento de esta Ley, las decisiones de licenciamiento y órdenes de disciplina con sus determinaciones de hechos y conclusiones de derecho;

f. Será el encargado de establecer los mecanismos necesarios para el registro de las licencias permanentes que expida la Juntas;

g. Mantendrá un registro de certificados y licencias provisionales, si alguna, que expidan las Juntas; y

h. Tendrá a su cargo y bajo su custodia y responsabilidad todos los documentos, libros de registros y archivos pertenecientes a las Juntas, incluyendo el Registro de Resoluciones, que permanecerán en la Secretaría.

Artículo 2.8 - Sesiones Extraordinarias

Las Juntas podrán celebrar las reuniones extraordinarias que sean necesarias durante el año para cumplir con sus deberes ministeriales y el mejor desempeño de sus funciones, previa convocatoria que deberá cursarse a los miembros con no menos de veinticuatro (24) horas de antelación.

Artículo 2.9 - Convocatorias

Las sesiones de las Juntas serán citadas por el Presidente, con por lo menos cinco (5) días de antelación a la fecha en que haya de celebrarse la reunión, excepto por consentimiento unánime de los miembros de la Junta, pero en ningún caso, la convocatoria podrá hacerse con menos de veinticuatro (24) horas de antelación a la reunión.

Artículo 2.10 - Quórum

En cualquier reunión de las Juntas citada debidamente, formaran quórum la mayoría de los miembros en cuyo caso general será la mitad más uno (1), a menos que la ley habilitadora de las Juntas disponga lo contrario, disponiéndose además, que en caso de una orden o resolución para suspender, cancelar o revocar una licencia o certificado o de una orden fijando un período de prueba a un profesional por tiempo determinado, se requerirá el voto afirmativo de la mayoría de todos los miembros. Ningún miembro podrá delegar su representación en otro miembro de Junta, ni en ninguna otra persona. El Presidente en estos casos a tenor con el artículo 2.9 de este capítulo podrá convocar a sesión extraordinaria cuando lo estime necesario, a iniciativa propia o a petición escrita de la mitad de los miembros.

Artículo 2.11 - Actas

Se llevará récord de todo lo discutido durante las sesiones de las Juntas el cual será custodiado por el Secretario de cada respectiva Junta. Dichos récords constituirán las Actas. El primer asunto a tratar en cada reunión será la lectura de las Actas de la sesión anterior, cuya copia se entregará a los miembros de la reunión. Las mismas no se darán por leídas a menos que medie un acuerdo unánime. Las Actas se aprobarán por mayoría de los miembros presentes. Una vez aprobadas serán firmadas por el Presidente y el Secretario.

Artículo 2.12 .Comités

Las Juntas podrán nombrar aquellos comités permanentes o temporales que considere conveniente para el mejor desempeño de sus funciones. Dichos comités podrán estar integrados por miembros de la Juntas solamente, o podrán incluirse en los mismos a terceras personas cuando sea necesario quienes laborarán sin compensación alguna o *"ad honorem"*.

Los comités deberán someter por escrito sus informes y recomendaciones a la Junta sobre los asuntos que les fueren encomendados. La Juntas luego de estudiarlos podrán o no adoptarlos.

Artículo 2.13 - Registros y Récords de las juntas

1. Se mantendrá un registro, manual o electrónico, donde se anotarán en orden cronológico, todas las solicitudes de licencia y de certificados recibidos.

2. Se mantendrá un solo expediente por persona natural. El expediente individual de cada solicitante podrá ser en papel o en medios electrónicos, incluirá los siguientes documentos y estará identificado con la numeración que aparece en el registro de solicitudes y contendrá: la solicitud de licencia o certificado con anotación de la acción tomada sobre la misma; copia fotostática o electrónica del diploma o certificación de registrador del colegio o universidad donde se graduó; transcripción de créditos en original sometida por la escuela; certificado de buena conducta; evidencia y resultados de las calificaciones de los exámenes tomados; certificaciones sobre educación continua; declaraciones juradas, correspondencia cursada y todo otro documento relacionado con la solicitud.

3. Se mantendrá un registro de los certificados de horas de educación continua relacionadas a cada profesional adscrito como requisito previo a la renovación de su licencia o certificado, en aquellos casos en que la ley habilitadora de la profesión u oficio le reconozca tal autoridad.

4. Se mantendrá un registro de los profesionales que soliciten licencia por reciprocidad.

5. Se mantendrá un registro de las certificaciones internas otorgadas.

6. Se mantendrá un registro de los certificados expedidos.

7. Se mantendrá un registro de todas las instituciones de educación superior de Puerto Rico que tengan colegios o programas acreditados. Además se mantendrá un registro al día respecto a los colegios y universidades acreditadas relacionadas a las profesiones adscritas. Se revisará ese récord anualmente.

8. Se mantendrá, en colaboración con las máximas autoridades acreditadoras correspondientes, un registro de las instituciones educativas acreditadas y reconocidas que ofrecen programas educativos.

9. Se mantendrá un sistema de información confidencial sobre las licencias y certificados expedidos denegados, suspendidos o revocados incluyendo los resultados de las reválidas, la características de los revalidados en cuanto a edad, sexo, escuela de proveniencia, índice académico al iniciar y finalizar sus estudios profesionales, y cualesquiera otras características o datos que las Juntas estimen necesarios y convenientes para mantener actualizado dicho sistema de información.

10. Se producirán estadísticas sobre los datos en el sistema de información, manteniendo la confidencialidad de los datos personales protegidos estatutariamente.

11. Se establecerá un registro de toda licencia o certificado que se prepare en duplicado. Las características, descripción e información requerida a mantenerse en todos y cada uno de los registros mencionados anteriormente están en un registro la Secretaría Auxiliar de Juntas Examinadoras.

Capítulo 3 - Disposiciones sobre los Exámenes de Reválida

I. Parte General Sobre los Exámenes

Artículo 3.0 - Aplicabilidad

Este capítulo aplicará a aquellas Juntas Examinadoras cuyas leyes habilitadoras establezcan requisitos de reválida y le concedan a dicha Junta la potestad para establecer el proceso en que se llevará a cabo. Aquellas profesiones que no requieren reválida como requisito para adquirir su licencia estarán exentos del cumplimiento de este Capítulo.

Artículo 3.1 - Propósito

El propósito de los exámenes de reválida es determinar si los aspirantes a ejercer determinada profesión u oficio poseen la competencia mínima necesaria. Se evalúa además la aplicación de conocimientos y la utilización de ciertas destrezas identificadas como necesarias para el ejercicio de las profesiones u oficios. Toda persona que interese tomar la reválida para obtener una de las licencias o certificados de las Juntas adscritas deberá ser mayor de edad para ejercer en Puerto Rico y haber obtenido el grado correspondiente de entrada a la profesión de una institución debidamente acreditada de acuerdo a la ley habilitadora de cada Junta.

Artículo 3.2 - Orientación al aspirante

La Juntas prepararán y publicarán una guía o manual con la información necesaria al aspirante con las Normas y procedimientos que rigen la administración de los exámenes, el tipo de exámenes, los métodos de evaluación y la calificación mínima requerida para su aprobación. Esta guía o manual se entregará a toda persona que solicite ser admitida para la reválida, previa presentación de un giro o cheque expedido a nombre del Secretario de Hacienda o tarjeta de crédito o débito, o directamente a la entidad correspondiente que administre el examen delegado por las Juntas según sea el caso. Las Juntas determinarán el costo de dicho manual tomando como base los gastos de su preparación y publicación. Copia de esta guía será provista con la notificación para tomar el examen. Cuando las Juntas delegan la preparación y administración de exámenes de reválida a organismos especializados en tales gestiones, el manual de orientación será provisto por dichos organismos, bajo los términos que estos indiquen.

Artículo 3.3 - Formato y técnicas de las preguntas

Los exámenes podrán incluir preguntas escritas de discusión, selección múltiple y ejecución. Las Juntas determinarán, de acuerdo con normas científicas, la proporción, el número y el peso que habrán de tener las preguntas de acuerdo con los estándares mínimos en las profesiones y en ocasiones de acuerdo a estándares que rigen la profesión en otras jurisdicciones. Las Juntas determinarán, además, el período de tiempo necesario para contestar cada parte de los exámenes de reválida el cual también podrá estar sujeto a estándares de otras jurisdicciones según sea el caso particular de cada profesión.

Las Juntas podrán utilizar consultores o agencias dedicadas a preparar, evaluar, y administrar exámenes de reválida, tales como expertos en asuntos de medición, psicometría y administración, pero retendrá la responsabilidad sobre el contenido de dichos exámenes según sea la profesión y sobre la determinación de la calificación mínima que deberá obtenerse para aprobar la reválida. En el caso de las Juntas que delegan la preparación y administración de los exámenes de reválida a los Concilios, la responsabilidad sobre el contenido de dichos exámenes y sobre la determinación de la calificación mínima que deberá obtenerse para aprobar la reválida recaerá en dichos Concilios.

Artículo 3.4 Puntuación Mínima para aprobar

La puntuación mínima para aprobar los exámenes será establecida por las Juntas, o por los Concilios a que éstas lo deleguen, y será notificada a los aspirantes en el aviso de examen.

Artículo 3.5 Pago de derechos

Los aspirantes deberán someter su solicitud de examen acompañada de los derechos correspondientes establecidos por el Departamento de Estado ya sea mediante pago electrónico a través del portal de la agencia o mediante un giro certificado dirigido al Secretario de Hacienda con los aranceles correspondientes de acuerdo con el Capítulo Núm. 8 de este reglamento. En el caso de los exámenes preparados y administrados por los Concilios Nacionales, los derechos serán pagados a dichos Concilios Nacionales directamente por los aspirantes.

Artículo 3.6 - Convocatorias a Exámenes

1. La Juntas determinarán fecha, hora y lugar de los exámenes, los cuales serán ofrecidos por lo menos dos (2) veces al año.

2. Las Juntas a través de la Secretaría Auxiliar de Juntas Examinadoras del Departamento de Estado, publicarán los avisos de exámenes en un periódico de circulación general con por lo menos sesenta (60) días calendarios de anticipación a la fecha del examen.

3. La Juntas a través de la Secretaría de Juntas Examinadoras del Departamento de Estado, podrán elegir el publicar una convocatoria abierta para exámenes de reválida y ofrecer los mismos una vez hayan diez (10) aspirantes calificados. En dicho caso, la fecha de examen será notificada a los aspirantes con por lo menos 45 días calendarios en antelación a la fecha del examen.

4. En el caso de las Juntas que delegan la preparación y administración de exámenes a los Concilios, las convocatorias a exámenes serán publicadas a través del Internet por dichos Concilios.

Artículo 3.7 - Solicitud

Todo aspirante interesado en tomar algún examen de reválida deberá presentar la solicitud de examen que determine el Secretario o la entidad delegada para la administración del examen. La solicitud deberá presentarse mediante transmisión electrónica (http://www.estado.gobierno.pr) o en persona según determine cada Junta Examinadora en la fecha que establezca el aviso de examen y deberán acompañarse los documentos que se requieran para el examen que se vaya a tomar. El día límite de presentación será evidenciado el recibo de la transmisión electrónica o por el matasello del correo, respectivamente.

Artículo 3.8 - Certificación

El aspirante deberá certificar en su solicitud de examen que conoce y cumple todos los requisitos dispuestos por ley o reglamento para la profesión u oficio al que aspira y sobre los requisitos de colegiación en casos aplicables.

Artículo 3.9 - Obligación continua de informar

Todo aspirante que presente una solicitud de admisión al examen de reválida estará obligado a complementarla posteriormente, por cualquier hecho, circunstancia o información relevante que sustancialmente altere o haga inexacta la información, hecho o circunstancia originalmente afirmada.

Esta obligación será de naturaleza continua, mientras esté pendiente la concesión de la licencia o certificado correspondiente.

Artículo 3.10 - Prohibición; cursos de preparación, trámite de solicitud o revisión

Durante su incumbencia y por un periodo de cinco (5) años subsiguientes a la conclusión del término de sus funciones en las Juntas, los miembros no podrán:

1. Participar, directa o indirectamente, en cursos de preparación para aspirantes a los exámenes de reválida que se administran localmente;

2. Participar en el trámite de solicitud de examen de cualquier aspirante, ya sea preparando o representándolo en proceso de reconsideración o revisión alguno.

Artículo 3.11 - Prohibición; relación de parentesco por afinidad o consanguinidad

Durante su incumbencia los miembros de las Juntas no podrán participar en el trámite de solicitud de examen de cualquier aspirante o en los procesos de preparación, discusión y reconsideración de los exámenes de reválida cuando:

1. Algún aspirante sea pariente suyo dentro del cuarto grado de consanguinidad o segunda por afinidad, o

2. La relación del miembro con un aspirante, por motivo de índole profesional, de parentesco, de amistad o de cualquier otra naturaleza, lo ponga en una situación de conflicto o de intereses encontrados, o

3. El miembro considere que su participación en tales procesos podría representar un problema de apariencia de conflictos o de intereses encontrados.

Artículo 3.12 - Confidencialidad

Al aceptar sus nombramientos, los miembros de las Juntas, reconocen y se obligan a guardar la más estricta confidencialidad, a abstenerse de divulgar las confidencias, secretos, procesos de deliberación y demás información o asuntos que puedan ser o hayan sido objeto de consideración por las Juntas.

Artículo 3.13 -Documentos Confidenciales

Se considerarán documentos confidenciales;

1. las preguntas de exámenes, claves y otros datos para administrar exámenes de reválida.

2. documentos de resultados de exámenes para certificaciones profesionales o licencias.

Artículo 3.14 - Conducta Prohibida

Cualquier persona que cometa o intente cometer actos que lesionen o puedan afectar de forma adversa el proceso de examen de reválida podrá ser descalificada como aspirante al ejercicio de la profesión u oficio, o podrá estar sujeta a cualquier otra sanción apropiada. Además, las Juntas podrán anular contestaciones o invalidar exámenes de detectarse alguna irregularidad durante su ofrecimiento.

Artículo 3.15 - Violación a la seguridad del examen

Quedará totalmente prohibido el incurrir en cualquier conducta que viole la seguridad del material del examen, que incluya, pero no se limite a:

1. sacar sin autorización cualquier material de la sala de examen.

2. reproducir o reconstruir antes o durante la administración del examen, cualquier parte del examen que se haya de administrar o que se esté administrando; o reproducir o reconstruir, después de terminada la administración del examen, cualquier parte del examen que las Juntas no hayan autorizado al aspirante a retener luego de haber concluido el examen;

3. ayudar por cualquier medio a reproducir o reconstruir cualquier parte del examen de reválida en contravención al inciso (b) anterior;

4. Comprar, vender, distribuir, recibir, poseer o, de algún modo, manejar sin autorización cualquier parte de un examen de reválida, ya bien sea anterior, que se esté administrando o que se vaya a administrar.

Artículo 3.16 - Violación a las normas de administración

Las siguientes actuaciones, entre otras, constituirán una conducta que viola las normas de administración de los exámenes y estarán sujetas a penalidades;

1. comunicarse con cualquier otro aspirante durante el proceso de administración del examen de reválida;

2. copiar respuestas de otros aspirantes o permitir que otros copien sus respuestas durante el examen;

3. tener consigo durante la administración del examen de reválida libros, notas, material escrito o impreso o datos de cualquier índole, que no sean los materiales distribuidos o autorizados por las Juntas o Concilios Nacionales para los exámenes.

4. tener consigo, durante la administración del examen de reválida, cualquier equipo electrónico, ya sean celulares, teléfonos inteligentes o "smartphones" o tabletas de comunicación o cualquier otro artículo de esa índole,

Artículo 3.17 -Violación al proceso de acreditación

Las conductas que se describen a continuación constituirán, entre otras, violaciones a las normas de administración de los exámenes y estarán sujetas a penalidades de acuerdo con este Reglamento:

1. Falsificar o tergiversar credenciales académicas o cualquier otra información requerida para ser admitido al examen de reválida;

2. Sustituir a un aspirante;

3. Hacer o consentir que un individuo tome el examen de reválida en nombre de alguien más;

Artículo 3.18 -Comunicación con miembros de las Juntas o entidad administradora

Ningún aspirante se podrá comunicar directamente o a través de terceras personas con los miembros de las Juntas, con el personal de las Juntas o entidades autorizadas a la distribución o administración del examen con respecto a cualquier asunto confidencial relacionado con la identificación del aspirante, la preparación, el contenido, la administración, la corrección y la evaluación de los exámenes de reválida y sus contestaciones.

II. Derechos de los Aspirantes que no Aprueben el Examen

Artículo 3.19 -Solicitud de revisión

Todo aspirante reprobado en un examen de reválida tendrá derecho a someter a las Juntas o a la entidad administradora del examen según sea el caso de la Junta, una petición de revisión de examen dentro del término de treinta (30) días contados a partir de la fecha que reciba los resultados, o dentro del tiempo estipulado por la entidad administradora del examen. La calificación mínima para solicitar revisión será determinada por cada Junta o Concilio y será informada de manera correspondiente previo al proceso de la administración del examen. La solicitud debe venir acompañada de los derechos correspondientes.

Artículo 3.20 -Preguntas de selección múltiple

En las pruebas de selección múltiple la revisión consistirá en verificar que la hoja de contestaciones se haya corregido correctamente.

Artículo 3.21 -Consideración de la solicitud de revisión

Las revisiones solicitadas serán consideradas por la entidad administradora del examen o por las propias Juntas, según sea el caso, en sesión ordinaria o extraordinaria con el quórum establecido por Ley.

Artículo 3.22 -Solicitud de reconsideración

Si las Juntas o la entidad administradora reafirman el resultado de "no aprobado", el examinado que no esté conforme podrá solicitar reconsideración o audiencia ante la Junta correspondiente dentro de los veinte (20) días siguientes de haber sido notificado de la decisión. Si la Junta o entidad se reafirma en su decisión, el examinado podrá solicitar revisión judicial a tenor con la Ley 170 de 12 de agosto de 1988, según enmendada, Ley de Procedimiento Administrativo Uniforme.

III. Informes

Artículo 3.23 -Informe sobre los resultados de reválidas

Luego de cada examen de reválida, la Junta a través entidad delegada preparará informe de los resultados de cada examen y certificarán los mismos al Secretario.

Artículo 3.24 -Notificación

Luego de certificados los resultados, la Secretaría Auxiliar o la entidad delegada correspondiente notificará los mismos a los aspirantes.

Artículo 3.25 -Disposición de libretas y exámenes

Concluida cada reválida y transcurrido el término para solicitar una reconsideración, se podrá disponer de todas las libretas de contestaciones. Las libretas y hojas de contestaciones de los aspirantes que soliciten revisión podrán destruirse una vez concluido el trámite.

Artículo 3.26 -Exámenes de reválida preparados por Concilios

Las Juntas que por ley o por resolución utilicen los exámenes de reválida preparados por los Concilios regirán sus procedimientos de administración según lo que dispongan dichos Concilios.

Artículo 3.27 -Idioma.

Los exámenes que se ofrecen a los aspirantes a las distintas profesiones u oficios serán administrados en español o en inglés, de así solicitarlo el aspirante. Disponiéndose que las Juntas que por ley o resolución utilicen los exámenes de reválida preparados por Concilios, las mismas vendrán obligadas a emplear el idioma en que el Concilio de que se trate ofrezca el examen.

Artículo 3.28 -Penalidades

Toda violación al presente Capítulo podrá ser castigada con multas administrativas según dispuesto en la Sección 7.1 de la Ley Núm. 170 de

12 de agosto de 1988, según enmendada y el Capítulo Núm. 7 de este reglamento.

IV. Acomodo Razonable para los exámenes de reválida

Artículo 3.29 -Propósito.

Es política pública del Estado Libre Asociado, firmemente establecida, fomentar el empleo de personas con impedimentos físicos o mentales y potenciar su participación e integración a la sociedad.

Es importante para las personas con impedimentos físicos o mentales sentirse parte de la sociedad y saber que, independientemente de sus limitaciones, gozan de los mismos derechos y prerrogativas que nuestras leyes garantizan a los demás ciudadanos. La Ley Número 41-1991, designó al Secretario de Estado del Estado Libre Asociado, Secretario Ejecutivo de las Juntas Examinadoras adscritas al Departamento de Estado. El Artículo cuarto de la referida ley autorizó al Secretario de Estado a adoptar reglamentación para uniformar los procesos relacionados a la administración de exámenes de reválida.

Al amparo de esta autoridad, se aprueba este reglamento, en el cual se recoge el procedimiento a utilizarse ante las solicitudes de acomodo razonable que presenten los ciudadanos que solicitan los exámenes de reválida ofrecidos por las Juntas Examinadoras adscritas al Departamento de Estado.

Uno de los objetivos de las Juntas Examinadoras del Departamento de Estado es administrar los exámenes de reválida sin incurrir en discrimen contra un aspirante cualificado que tenga algún impedimento. El aspirante cualificado para tomar los exámenes de reválida podrá presentar una solicitud de acomodo razonable si por razón de tener impedimento está limitado en su capacidad para demostrar, en igualdad de condiciones, que posee el conocimiento y las destrezas para ser admitido al ejercicio de una profesión o un oficio en el Estado Libre Asociado de Puerto Rico, bajo las normas y prácticas establecidas para la administración de los exámenes de reválida.

Artículo 3.30 -Tipos de solicitudes para los aspirantes que requieran acomodo razonable

1. Solicitudes regulares

La solicitud de acomodo razonable para los exámenes de reválida deberá ser presentada junto con la solicitud de admisión a los exámenes de reválida.

Todo aspirante interesado deberá presentar una solicitud de acomodo razonable utilizando los formularios establecidos para ello por la Secretaria Auxiliar de Juntas Examinadoras y/o la entidad autorizada a distribuir los exámenes.

Esta solicitud incluirá lo siguiente;

a. Una declaración jurada del aspirante; que describa la naturaleza del impedimento al momento de presentar su solicitud; que describa detalladamente el acomodo razonable que solicita y que indique mediante una explicación, cómo el acomodo atenuaría el efecto de este impedimento al tomar los exámenes de reválida;

b. Una certificación médica, con el número de licencia del médico, de un médico cualificado que haya brindado regularmente tratamiento al aspirante por razón de su impedimento en la que se describa: la naturaleza del impedimento al momento en que el aspirante presenta su solicitud y el acomodo recomendado a la luz de este impedimento.

c. Una certificación de la escuela donde el aspirante haya cursado sus estudios en la cual se describan, de forma detallada, los acomodos razonables concedidos al aspirante mientras este cursaba sus estudios en tal escuela, más las fechas cuando tales acomodos fueron concedidos o, cuando el impedimento haya surgido después de haber completado sus estudios, el aspirante deberá explicar de forma detallada, cuando se originó el mismo y de ser aplicable;

d. Una certificación de cualquier institución que administre exámenes o evaluaciones de naturaleza académica, que le haya concedido al aspirante algún acomodo razonable. La certificación deberá: (1) identificar la institución que administró el examen; (2) el tipo de examen; (3) la fecha del examen; (4) el acomodo solicitado; y (5) detallar el acomodo concedido;

e. Una autorización de relevo que autorice a la Secretaría Auxiliar de Juntas Examinadoras o a la entidad administradora a obtener todo documento que esté relacionado con el impedimento del aspirante, que este en poder de cualquier persona o institución, incluyendo, pero sin limitarse a, todas las autoridades e instituciones que sometan certificaciones y/o declaraciones juradas bajo esta sección del reglamento;

f. Cualquier otro documento que apoye su solicitud.

2. Solicitudes presentadas por aspirantes suspendidos

Toda solicitud de acomodo razonable presentada, en los casos de aspirantes suspendidos que soliciten nuevamente ser admitidos a tomar los exámenes de reválida, deberá cumplir con todos los términos y requisitos expuestos en la ley habilitadora, reglamentos de la profesión regulada y este reglamento. La evaluación y determinación que se haga sobre cada una de estas solicitudes posteriores será independiente y separada para cada examen de reválida al que un aspirante solicite un acomodo razonable. Los acomodos razonables, que hayan sido concedidos con anterioridad a un aspirante podrán ser considerados al evaluarse una solicitud posterior de acomodo razonable presentada por el mismo aspirante. Sin embargo, estos acomodos razonables concedidos con anterioridad no serán determinantes ni concluyentes en la evaluación que se haga de la solicitud posterior.

3. Solicitudes de Emergencia

Un aspirante podrá presentar una solicitud de emergencia de acomodo razonable, luego del término prescrito para presentar una solicitud regular de acomodo razonable, solo si cumple con todas y cada una de las condiciones siguientes:

a. El aspirante presentó su solicitud de admisión a los exámenes de reválida debidamente completada, y dentro del término dispuesto para ello;

b. El aspirante a la fecha de la presentación de su solicitud de admisión a los exámenes de reválida, no tenía o desconocía que tenía el impedimento en el que se basa para solicitar un acomodo razonable mediante este proceso de emergencia; y

c. El aspirante, luego de adquirir o conocer su impedimento, somete a la Secretaría Auxiliar de Juntas Examinadoras o la entidad administradora del examen correspondiente con la mayor brevedad posible, los documentos siguientes;

i. una solicitud juramentada de acomodo razonable en la cual explica las circunstancias en que surgió su impedimento, y la fecha cuando le fue diagnosticado;

ii. una solicitud completa de acomodo razonable, según se dispone en esta sección del reglamento; y

iii. el aspirante presentó su solicitud de emergencia de acomodo razonable no más tarde de los diez (10) días naturales anteriores a la fecha de la administración del examen de reválida, para el cual solicita el acomodo razonable.

4. Criterios generales para la revisión de decisiones emitidas sobre acomodo razonable por la Secretaría Auxiliar de Juntas Examinadoras.

Los acomodos razonables deberán ser concedidos al aspirante si su solicitud cumple con cada uno de los criterios siguientes:

a. El solicitante es un aspirante cualificado con algún impedimento;

b. El acomodo solicitado es razonable y adecuado para atenuar el efecto del impedimento y es compatible con cada uno de los requisitos en la definición de acomodo razonable dispuesta en este Reglamento; y

c. El aspirante cumplió con todos los requisitos impuestos por este Reglamento.

5. Reconsideración ante el Secretario de Estado sobre una decisión adversa de acomodo razonable

a. De no estar conforme con la decisión del Secretario Auxiliar o la entidad administradora del examen sobre su petición de acomodo razonable, el aspirante podrá presentar una solicitud de reconsideración ante el Secretario de Estado.

b. El aspirante podrá presentar una solicitud de vista que deberá ser presentada por escrito y en la misma fecha cuando se presente la reconsideración de la decisión. La solicitud de vista deberá expresar las razones que justifiquen la celebración de la vista y, además, deberá incluir la lista y las copias de todas las pruebas que el aspirante se proponga presentar en tal vista.

c. De pretenderse presentar evidencia testifical, se remitirá un resumen de lo que se proponen declarar los testigos y se indicará si éstos son testigos periciales o no. En caso de anunciar la presentación de evidencia pericial, se acompañará el "curriculum vitae" del perito o los peritos a ser presentados. Recibida la solicitud, el Secretario de Estado o el Oficial Autorizado por éste, determinará si se justifica la celebración de la vista solicitada.

d. La solicitud de reconsideración deberá ser presentada por escrito ante el Secretario de Estado o el Oficial Autorizado por éste, dentro de los diez (10) días naturales siguientes a la notificación al aspirante de la decisión de la Secretaría Auxiliar o la decisión de la entidad administradora del examen.

e. El Secretario de Estado resolverá la reconsideración a base del expediente. Se notificará mediante correo electrónico al aspirante, de no contar con el correo electrónico en el expediente se notificará con una copia de la decisión al aspirante mediante correo certificado con acuse de recibo o mediante entrega personal a la dirección provista por el aspirante en su solicitud de acomodo razonable.

6. Decisiones del Secretario Auxiliar de Juntas Examinadoras sobre las solicitudes de emergencia

Una solicitud de emergencia de acomodo razonable será considerada por el Secretario Auxiliar de Juntas Examinadoras y deberá ser referida directa e inmediatamente de la entidad administradora del examen al Departamento de Estado.

7. Recurso de Certiorari

El aspirante podrá solicitar la revisión de la decisión final del Secretario de Estado ante el Tribunal de Apelaciones de Puerto Rico mediante un recurso de certiorari, de conformidad con las disposiciones de la Ley 170.

8. Confidencialidad

Toda información y documentos contenidos en la (s) solicitud (es) de acomodo razonable para los exámenes de reválida serán para uso exclusivo de la Secretaría Auxiliar de Juntas Examinadoras y se conservarán en un sobre identificado como confidencial que formará parte del expediente.

9. Facultad Adicional

El Secretario Auxiliar de Juntas Examinadoras con el consentimiento del Secretario de Estado podrá tomar medidas para atender situaciones particulares no previstas por el estado de derecho vigente, en la forma que, a su juicio, sirva a los mejores intereses de todas las partes.

Capítulo 4 -Disposiciones Sobre Procedimiento Administrativo para la Obtención de La Licencia.

Artículo 4.1 -Propósito

La Ley 170 establece un Procedimiento Administrativo Uniforme para todos los Departamentos,

Instrumentalidades Administrativas, Juntas, Oficinas y Corporaciones Públicas del Estado Libre Asociado de Puerto Rico. Esta Ley 170 dispone en su Capítulo V que las Agencias deberán establecer un procedimiento rápido y eficiente en la expedición de licencias, franquicias, permisos, endosos y cualesquiera gestiones similares.

Dando cumplimiento a lo establecido en la Ley 170 y a tenor con las facultades de la Ley 320 del 13 de abril de 1946 que adscribe las Juntas Examinadoras al Departamento de Estado del Estado Libre Asociado de Puerto Rico, se desarrolla esta sección del reglamento para establecer las normas de tramitación y los términos dentro de los cuales se completará el proceso de consideración de las licencias, renovación de licencias, permisos, endosos y otros trámites de las Juntas Examinadoras adscritas al Departamento de Estado.

Artículo 4.2 -Términos

Las Juntas Examinadoras adscritas al Departamento de Estado tramitarán la expedición de licencias, acreditaciones, certificaciones, notificaciones, permisos y otros similares dentro de los términos establecidos a continuación salvo justa causa:

Nuevas Licencias .... 60 días

Acreditaciones .... 30 días

Permisos .... 30 días

Renovaciones de Licencias .... 45 días

Licencias Provisionales .... .45 días

Certificaciones .... 15 días

Duplicados .... 15 días

Notificaciones .... 15 días

Impugnación a Requisitos de Presentación .... 30 días

Solicitud de Revisión de Examen .... 90 días

Solicitud de Reconsideración de Examen ….......45 días

Reconsideración por Junta Examinadora …........ 60 días

Artículo 4.3 -Presentación

Los términos para tramitar la expedición de las licencias y demás gestiones descritas en el Artículo anterior se comenzarán a contar a partir de la fecha de presentación de la solicitud correspondiente completa, acompañada de todos los documentos complementarios necesarios, según dispuesto por las Juntas.

Artículo 4.4 -Proceso de Presentación

El funcionario o entidad administradora de la solicitud que recibe la presentación ya sea en persona o mediante transmisión electrónica cumplimentará una hoja de cotejo correspondiente a los requisitos establecidos por la Juntas Examinadoras. Si se encontrara que la solicitud está completa, expedirá copia de la hoja de cotejo firmada y sellada con fecha al solicitante ya sea por correo certificado o mediante transmisión electrónica (correo electrónico) y adjuntará el original al expediente para iniciar los trámites pertinentes. Toda solicitud debe indicar las direcciones de correos electrónicos para contactar al solicitante.

En caso de que la solicitud no esté completa, o que no se haya adjuntado uno o más de los documentos complementarios requeridos, el funcionario que recibe la solicitud la devolverá al solicitante con todos los documentos con lo que se acompañó, o la dejará pendiente cuando la presentación es electrónica, y con copia de la hoja de cotejo le indicará la información o documentos que faltan a la solicitud para poder ser tramitada. En el caso de solicitudes tramitadas en línea, el solicitante recibirá un correo electrónico indicándole los documentos que faltan o que no son aceptables para proceder con el trámite de la solicitud.

Artículo 4.5 -Devolución de Documentos

Las devoluciones de las solicitudes se harán a la persona que presente las mismas para su presentación, a la mano, si la presentación se intenta personalmente, y por correo ordinario, si la presentación se intenta por correo. Si la presentación se efectúa mediante transmisión electrónica no será necesaria la devolución de documentos ya que los mismos se encuentran en la cuenta personal del solicitante. Cada Junta determinará si seguirá aceptando solicitudes a la mano.

Una solicitud devuelta no se considerará como presentada para los propósitos de este Reglamento, y cuando la misma se presente debidamente cumplimentada y con todos los documentos complementarios, el término para su consideración por las Juntas Examinadoras comenzará a correr desde la fecha en que fuere radicada nuevamente la solicitud con toda la información y documentos complementarios que aparecen en la hoja de cotejo correspondiente.

Artículo 4.6 -Impugnación de Requisitos de Presentación

Si la persona natural o jurídica que solicita una gestión de las contempladas por este Reglamento entiende que un documento complementario que le ha sido solicitado no se requiere en el caso, presentará una declaración jurada en la que expondrá la razón que tiene para alegar que no tiene que cumplir con el requisito presentado. Las Juntas admitirán condicionalmente la solicitud y decidirán sobre el planteamiento del solicitante dentro de los treinta (30) días siguientes a la fecha de presentación de la declaración jurada. De la Junta entender que el planteamiento no se ajusta a derecho, devolverá la solicitud con copia de la decisión sobre el planteamiento realizado y la correspondiente hoja de cotejo.

Artículo 4.7 -Notificaciones

Después de conocidos los resultados de un examen administrado por una Junta o entidad delegada, los resultados se notificarán por correo regular o correo electrónico a cada aspirante en o antes de treinta (30) días.

Artículo 4.8 –Procedimiento Adjudicativo

Toda persona a la que una Junta le deniegue la concesión de una licencia, permiso, endoso, autorización o gestión similar, tendrá derecho a impugnar la determinación de la Junta por medio del procedimiento adjudicativo establecido en el Capítulo Núm. 6 de este reglamento sobre procedimientos adjudicativos e investigativos de las Juntas Examinadoras adscritas al Departamento de Estado.

Capítulo 5 -Disposiciones Sobre la Educación Continua

Artículo 5.0 -Aplicabilidad

Este capítulo aplicará a aquellas Juntas Examinadoras cuyas leyes habilitadoras establezcan requisitos de educación continua y le conceda a dicha Junta la potestad para establecer el proceso que se llevará a cabo. Aquellas profesiones que no requieren educación continua como requisito o que concedan la facultad de implantarla a un colegio o instituto profesional, estarán exentos del cumplimiento de este Capítulo.

Artículo 5.1 -Facultades de las Juntas

1. Establecer mediante reglamento los requisitos de educación continua, facultad que no podrá ser delegada por las Juntas Examinadoras cuyas leyes habilitadoras le conceda a dicha Junta la potestad para establecer el proceso en que se llevará a cabo.

2. Certificar como proveedores a aquellas instituciones educativas, asociaciones o colegios profesionales, y a cualquier otra entidad que ofrezca educación continua pertinente a las profesiones u oficios reglamentados por dichas Juntas, facultad que no podrá ser delegada.

3. Cotejar los cursos de educación continua pertinentes a las profesiones u oficios reglamentados por dichas Juntas.

4. De ser necesario, cada Junta será responsable de enmendar los reglamentos vigentes sobre educación continua o de aprobar reglamentos de conformidad con las normas generales establecidas en este Reglamento. Cuando los Colegios o Asociaciones Profesionales lleven a cabo labores de educación continua relativa a los oficios o profesiones que representan, las Juntas deberán tomar en consideración sus planteamientos al formular sus reglamentos.

Artículo 5.2 -Funciones

Cada Junta Examinadora al implementar este Reglamento podrá ejercer, entre otras, las siguientes funciones:

1. certificar proveedores y reconocer entidades afines;

2. aprobar cursos de educación continua, función que podrá delegar en un comité creado para dichos propósitos;

3. supervisar la custodia y control de todos los documentos, registros, expedientes y equipo relacionados con educación continua que estén bajo el control de la Secretaría Auxiliar o cualquier colegio o asociación;

4. expedir certificaciones a tenor con este Reglamento;

5. por sí mismos, o a través de recursos disponibles en la Secretaría Auxiliar o en cualquier colegio o asociación profesional bona fide, asegurarse que aquellas entidades con quien se pacte la ejecución de funciones relacionadas con educación continua cumplan con lo acordado;

6. mantener documentadas las funciones que se ejerzan, identificadas en este artículo, mediante las minutas de las reuniones correspondientes y notas en el expediente correspondiente, debidamente firmadas;

7. evaluar situaciones de incumplimiento con los términos y requisitos de este Reglamento y recomendar la acción correspondiente;

8. someter recomendaciones a la Secretaría Auxiliar sobre cualquier otro asunto relacionado con el descargo de sus funciones y la administración eficiente de este Reglamento;

9. cualquier otra función relacionada al propósito de este Reglamento según aprobada por la Secretaría Auxiliar o la Junta.

Artículo 5.3 - Acreditación de Educación Continua

1. Curso acreditable: Requisitos

Para propósitos de acreditación, todo curso (ya sea ofrecido en Puerto Rico, Estados Unidos o en cualquier otra jurisdicción) cumplirá con los siguientes requisitos:

a. Tener un alto contenido intelectual y práctico, relacionado con el ejercicio de la profesión u oficio según determinado por cada Junta, o con los deberes y obligaciones éticas de los profesionales;

b. Contribuir directamente al desarrollo de la competencia y destrezas profesionales para el ejercicio de cada profesión u oficio;

c. Incluir materiales educativos relacionados al curso que estarán disponibles para cada participante, ya sea en forma impresa o electrónica o, en la alternativa, proveer instrucciones para acceder los materiales por la Internet u otros medios;

d. En la descripción y objetivos educativos de cada curso, demostrar que los recursos le han dedicado, o le dedicarán, el tiempo necesario para cumplir con el número de horas crédito solicitado y que, en efecto, el curso será de utilidad para el mejoramiento del ejercicio de cada profesión u oficio;

e. Ser ofrecido en lugares y ambientes propicios, con el equipo electrónico o técnico que sea necesario, el espacio suficiente para la matrícula y que contribuya a lograr una experiencia educativa enriquecedora a los participantes;

f. Brindar a los participantes la oportunidad de hacer preguntas directamente a los recursos o a las personas cualificadas para contestar, ya sea personalmente, por escrito o a través de medios electrónicos;

g. Cualquier otro requisito relacionado al propósito de este Reglamento según identificado por cada Junta Examinadora.

Artículo 5.4 -Guías generales para la aprobación de cursos.

Requisitos:

1. Solicitud de un proveedor:

a. La solicitud para la aprobación de un curso -ya sea ofrecido en Puerto Rico, Estados Unidos o en cualquier otra jurisdicción - será presentada en el formulario provisto por cada Junta, con la anticipación que requiera cada Junta, antes de la fecha de ofrecimiento del curso, excepto que por justa causa la Junta acorte dicho término. La Junta podrá eximir de este requisito, mediante resolución a los efectos, cursos ofrecidos por Concilios o reconocidos como apropiados por la profesión.

b. Con la solicitud se incluirá la información y los anejos para acreditar lo siguiente:

i. título, descripción general y objetivos educativos del curso;

ii. lugar, fecha y hora; {Si es mediante Internet, la ventana de tiempo, fecha durante la cual estará el curso disponible).

iii. tiempo de duración, horas contacto;

iv. tiempo atribuible a aspectos éticos, de especialidad, o generales de cada profesión u oficio, si aplica;

v. bosquejo del contenido;

vi. nombres de los recursos y sus calificaciones profesionales (resumé detallado);

vii. copia avanzada de los materiales a distribuirle o mostrarle a los técnicos o profesionales participantes, si alguna;

viii. documentar la forma en que los temas presentados serán de utilidad para el mejoramiento del ejercicio de cada profesión u oficio;

ix. precio del curso, si alguno;

x. forma propuesta para la divulgación efectiva.

c. De la solicitud y los anejos presentados deberá surgir que el curso cumple con los requisitos del Artículo 5.3.

d. La decisión cada Junta será notificada al proveedor solicitante no más tarde de los sesenta (60) días siguientes de presentada la solicitud. Si la

Junta no notifica al proveedor en ese término, se entenderá que el curso está autorizado.

e. Dentro de los treinta (30) días siguientes al ofrecimiento del curso, el proveedor presentará ante la Junta lo siguiente:

i. una lista con los nombres y números de licencia o certificado de los técnicos o profesionales que tornaron el curso, el proveedor deberá tomar la firma de los asistentes al comenzar y al terminar el curso, la cual se enviará a la Junta (si no es curso mediante la Internet).

ii. una certificación de que el curso estuvo disponible al público y que se administró según informado en la solicitud o, de haber ocurrido alguna variación, la descripción de ésta con la explicación de cómo la variación no debería afectar la aprobación que se le había impartido al curso;

iii. en el formulario provisto por la Junta, un informe breve o estadística sobre la evaluación del curso por los técnicos o profesionales que lo tomaron;

iv. una cuota por cada hora crédito tomada por cada técnico o profesional, según lo establezca el Departamento de Estado, a tenor con las disposiciones del *Capítulo Núm. 8 de este reglamento* o cualquier otro Reglamento sobre el particular que se apruebe en el futuro.

2. Solicitud de un técnico o profesional licenciado por una Junta:

a. Un técnico o profesional podrá presentar una solicitud para la aprobación o acreditación de un curso, independientemente de si el mismo lo ofrece o lo ofreció un Proveedor Certificado o cualquier otro proveedor, o si el curso fue ofrecido en Puerto Rico o en cualquier otra jurisdicción.

b. La solicitud será presentada en el formulario provisto por la Junta, que incluirá la siguiente información:

i. Descripción general del curso y cualquier material que el proveedor haya provisto que explique el contenido, objetivos educativos, el nombre del recurso, lugar, día y hora, número de horas contacto, pago por concepto de matrícula, si alguno, y tiempo atribuible a aspectos generales, de especialidad o de ética, de una profesión u oficio, si aplica;

ii. Cualquier dato o evidencia sobre el proveedor o el curso que sea de utilidad para que la Junta pueda evaluar el historial del proveedor y determinar si procede acoger la solicitud, cuando el proveedor no sea un proveedor certificado o reconocido por la Junta como una entidad afín.

c. De la solicitud y sus anejos deberá surgir que el curso cumple con los requisitos del Artículo 5.3 de este Reglamento.

d. La solicitud no será considerada si han transcurrido más de seis meses desde la fecha del curso, con excepción de lo dispuesto en el Artículo 5.27 sobre la acreditación retroactiva.

e. La solicitud debe incluir una cuota según lo establezca el Departamento de Estado, a tenor con las disposiciones del *Capítulo Núm. 8 de este reglamento* o cualquier otro Reglamento sobre el particular que se apruebe en el futuro.

f. Las Juntas podrán reconocer como Entidades Afines a las organizaciones profesionales o técnicas regionales que tengan un programa estructurado para ofrecer cursos de educación continua para sus miembros directamente o a través de sus proveedores certificados. En estos casos, la Junta podrá aceptar las transcripciones de los créditos que acumulen los técnicos o profesionales con dichas Entidades Afines, como prueba de cumplimiento con los requisitos de este Reglamento y los del Reglamento de Educación Continua específico de la Junta. Estas transcripciones de créditos deberán venir acompañadas de una solicitud en el formulario especial provisto por la Junta para estos casos y con una cuota según lo establezca el Departamento de Estado, a tenor con las disposiciones del *Capítulo Núm. 8 de este reglamento* o cualquier otro Reglamento sobre el particular que se apruebe en el futuro.

Artículo 5.5 -Cursos ofrecidos por entidades técnicas o profesionales privadas con o sin fines de lucro: Requisitos

1. Las entidades técnicas o profesionales privadas, con o sin fines de lucro, excluyendo los Colegios o Asociaciones profesionales (quienes se consideran proveedores certificados} con interés en ofrecer un curso para que se le acredite como educación continua a sus miembros o empleados cumplirán con lo siguiente:

a. presentar su solicitud de Proveedor Certificado a la Junta correspondiente conforme al Artículo 5.10;

b. incluir con la solicitud la información y los documentos necesarios según el Artículo 5.4(A) para demostrar que el curso cumple con los requisitos del Artículo 5.3;

c. acreditar que el curso será ofrecido a un costo razonable, si alguno, determinado a base de la cantidad que regularmente se cobra por un curso similar en el mercado de Puerto Rico;

d. separar al menos el veinticinco por ciento (25%) de los espacios para que cualquier técnico o profesional con interés, que no sea miembro o empleado de su entidad, pueda tomarlo como educación continua;

e. cumplir con el requisito de divulgación efectiva, dispuesto en el Artículo 5.9 a más tardar treinta (30) días antes de la fecha de ofrecimiento del curso;

f. esperar por lo menos hasta quince (15) días antes de la fecha de ofrecimiento del curso para comenzar a admitir solicitantes del público (aquellos técnicos o profesionales que no están asociados con la entidad profesional privada). Si hubiera más solicitudes del público que espacios disponibles, los participantes se escogerán por orden de llegada de su solicitud. Se preparará una lista de espera para conceder espacios en caso de que algún participante cancele su solicitud o no remita el pago, si alguno, oportunamente.

g. a más tardar treinta (30) días luego del día en que se haya ofrecido el curso:

i. acreditar que se cumplió con el requisito de divulgación efectiva dispuesto en el inciso (A) (5) de este Artículo;

ii. informar: (i) el número total de espacios que estuvo disponible a personas no asociadas a la entidad profesional privada ("público"), (ii) los nombres de las personas no asociadas a la entidad profesional privada ("público") que solicitaron y la fecha en que se recibió cada solicitud, independientemente de si fueron admitidas o de si la solicitud fue oportuna, (iii) el número de personas que fueron admitidas, (iv) los nombres de las personas admitidas que no están asociadas a la entidad profesional privada {"público"), junto a su fecha de admisión y los nombres de las demás personas admitidas, (v) el número de personas que asistió, (vi) los nombres de las personas que asistieron y que no están asociadas a la entidad profesional privada {"público") con sus números de licencia o certificado; los nombres de las demás personas que asistieron con sus números de licencia o certificado; copia de hoja de asistencia con firma a la hora de entrada y hora de salida (si todo curso aprobado de conformidad con el inciso (a) de este Artículo será acreditado hasta una tercera parte (1/3) del total de horas requeridas en cada periodo de cumplimiento con excepción de los Colegios o Asociaciones Profesionales.

Artículo 5.6 -Cursos ofrecidos por Entidades Profesionales Públicas: Requisitos

Las entidades profesionales públicas con interés en ofrecer un curso para que se le acredite como educación continua a sus empleados que sean técnicos o profesionales cumplirán con lo siguiente:

1. presentar una solicitud en el formulario provisto por la Junta sesenta (60) días antes del ofrecimiento del curso;

2. incluir la información y los documentos necesarios según el Artículo 5.4(1)(a) para acreditar que el curso cumple con los requisitos del Artículo 5.3.

Todo curso aprobado de conformidad con este Artículo será acreditado hasta sumar un máximo de una tercera parte (1/3) del total de horas requeridas en cada período de cumplimiento. Las Entidades Profesionales Públicas estarán exentas del pago de cuotas.

Artículo 5.7 -Cómputo de Créditos

Las horas crédito de educación continua mínimas establecidas para cada Junta, ya sea por Ley o por Reglamento, se calcularán de la siguiente manera:

1. una hora crédito consistirá de cincuenta (SO) a sesenta (60) minutos de participación en actividades propias de educación, según lo determine cada Junta en el uso de su discreción;

2. cada Junta determinará por Reglamento el tiempo a acreditar por cursos ofrecidos únicamente a través de mecanismos no tradicionales de enseñanza y aprendizaje; en su acreditación cada Junta evaluará la naturaleza del curso, el tiempo que normalmente se requiere para completarlo y el informe que rinda el proveedor respecto al desempeño de quienes tomaron el curso;

3. Cada Junta determinará por Reglamento el tratamiento que dará a las horas crédito tomadas en exceso del total requerido a los efectos de si las acumula o no, o si las acumula total o parcialmente;

4. Cada Junta tendrá la discreción de delegar en Comités de la Junta, Colegios, Asociaciones Profesionales o en entidades públicas o privadas, el manejo, contabilidad y certificación de las horas crédito.

Artículo 5.B. -Cursos ofrecidos mediante mecanismos no tradicionales de enseñanza y aprendizaje

1. Cada Junta podrá acreditar cursos en que se usen mecanismos no tradicionales de enseñanza y aprendizaje, ya sea por correspondencia, computadora, video, grabación u otros medios, sujeto a las limitaciones y requisitos establecidos en el Artículo 5.7(2) de este Reglamento.

2. La solicitud para la aprobación de estos cursos cumplirá con los requisitos del CAPÍTULO 8 de este reglamento. El proveedor, o el técnico o profesional licenciado que solicite la aprobación, explicará cómo el curso cumple con los requisitos del Artículo 5.3, los fines del programa de educación continua obligatoria y este Reglamento.

3. Cada Junta evaluará caso a caso estas solicitudes y, discrecionalmente, podrá aprobarlas. Todo proveedor certificado deberá someter estos cursos para aprobación previa de la Junta, salvo en los casos que sean ofrecidos por Entidades Afines o sus proveedores certificados.

Artículo 5.9 -Requisito de divulgación efectiva

1. Todo proveedor que solicite la aprobación de un curso para acreditación, podrá publicar sus ofrecimientos en cualesquiera mecanismos a través de los cuales se realice una divulgación efectiva dirigida a los técnicos y profesionales que pudieran tener interés en tomar los cursos. Una vez aprobado el curso, será deber del proveedor anunciarlo de conformidad con la definición de Divulgación Efectiva del Artículo 1.5 del Capítulo Núm. 1 de este reglamento.

2. La Junta podrá divulgar en la página del Departamento en la Internet los cursos aprobados, a base de la información que conste en sus expedientes administrativos.

Articulo 5.10 -Proveedores

1. *Proveedor certificado: Requisitos básicos; Procedimiento*

a. Requisitos

Una persona natural o jurídica interesada en que se le conceda Licencia de Proveedor Certificado cumplirá con los siguientes requisitos:

i. Si es la primera vez que solicita para convertirse en proveedor, las Juntas tendrá la facultad, mediante reglamentación interna, de establecer un procedimiento para conceder un certificado provisional de acuerdo a los estándares de cada Junta. Por otro lado, los proveedores actuales deberán haber ofrecido, durante los dos (2) años antes de la aprobación de este Reglamento, cursos de educación continua que cumplieron con los requisitos en este Reglamento para su acreditación;

ii. Demostrar que la misión de su programa de educación es el mejoramiento de los técnicos o profesionales a través de la educación que ofrecen;

iii. Demostrar que posee la solvencia económica necesaria para mantener un programa de educación continua de la más alta calidad;

iv. Demostrar que sus actividades están dirigidas primordialmente a los técnicos o profesionales de la Junta;

v. Comprometerse a cumplir con la misión y los propósitos del programa de educación continua de la Junta;

vi. Certificar y evidenciar, de ser necesario, que las facilidades donde se ofrecen los cursos satisfacen las necesidades de acomodo razonable al técnico o profesional que lo solicite por razón de algún impedimento, para que pueda cumplir con el requisito de educación continua;

vii. Cualquier otro requisito que determine cada Junta en su Reglamento; No será requisito indispensable para ser certificado como proveedor el estar acreditado por cualquier cuerpo acreditador de educación superior.

b. Disposiciones Transitorias

i. Las instituciones educativas, asociaciones y colegios profesionales, compañías o entidades que al momento de la aprobación de este Reglamento son Proveedores de Educación Continua, mantendrán su status de proveedores, siempre y cuando soliciten a la Junta correspondiente que les certifique como tal;

ii. La institución educativa, asociación o colegio profesional, compañía o entidad deberá presentar evidencia de que, al momento de la entrada en vigor el presente Reglamento es proveedora de dichos servicios. Cada Junta establecerá la forma en que un proveedor evidenciará su carácter de Proveedor. Las Juntas deberán, a su vez, notificar a los Proveedores sobre la necesidad de solicitar un certificado que se atempere a lo dispuesto en el Artículo 8 de la Ley Núm. 41 de 5 de agosto de 1991, según enmendada;

iii. Dentro del año previo a la conclusión del término de cinco (5) años, contados a la adopción de este reglamento los Proveedores de Educación Continua deberán someterse al proceso de renovación que dispongan los reglamentos específicos de cada Junta, y las Juntas tendrán la obligación de aceptar o rechazar dicha solicitud de renovación dentro de un término no mayor a seis (6) meses de la fecha de presentación de la solicitud;

iv. Cualquier otro requisito que determine cada Junta en su Reglamento.

c. Procedimiento de Certificación

La persona natural o jurídica interesada en que se le licencie como Proveedor Certificado presentará una solicitud en el formulario provisto por cada Junta, con la siguiente información:

i. nombre del proveedor, dirección, teléfono, fax, correo electrónico;

ii. nombre y título de la persona contacto;

iii. Si es la primera vez que una persona natural o jurídica solicita la certificación a las Juntas la misma deberá regirse por la reglamentación o procedimientos establecidos por cada Junta para las certificaciones. Si es un Proveedor actual deberá someter descripción de cada actividad o curso de educación continua ofrecido durante los últimos cuatro (4) años anteriores a la solicitud, con la siguiente información:

a) título del curso y su descripción, estableciendo claramente los objetivos educativos del curso;

b) fecha y lugar de celebración;

c) costo de registro o matrícula;

d) prontuario o contenido del curso;

e) nombres de los recursos y calificaciones profesionales;

f) descripción de los materiales distribuidos a los participantes;

g) horas acreditadas;

h) distribución de horas por categoría o asunto (ej. aspectos sustantivos, aspectos de la práctica de la profesión u oficio, ejercicios, preguntas);

i) audiencia a la cual fue dirigida el curso;

j) indicar si el curso fue anunciado como abierto al público, o si fue ofrecido exclusivamente a un grupo en particular;

k) método para evaluar el curso (ej.: evaluación por los y las participantes, evaluador independiente);

l) formato de presentación (ej.: salón de clases, video, circuito cerrado, transmisión simultánea, estudio individual, computadora);

m) mecanismos para constatar el aprovechamiento académico del curso, si alguno;

n) anejos y documentos que acrediten la información provista en cumplimiento con los requisitos del inciso tres (3);

iv. descripción de su experiencia en el campo de especialidad, de sus facilidades físicas y de la preparación de las personas a cargo de la organización, enseñanza y supervisión de su programa;

v. jurisdicciones en las que se le ha extendido licencia corno Proveedor Certificado, si alguna;

vi. incluir, cuando se trate de una entidad jurídica, su número de registro, en el registro de Corporaciones especificando el tipo de entidad, de modo que la Junta o personal de la Secretaría Auxiliar verifique con el Registro de Corporaciones del Departamento de Estado si ésta está en cumplimiento ("good standing") con la Ley General de Corporaciones, Ley Núm. 164 de 2009, según enmendada. Ninguna entidad jurídica en incumplimiento será acreditada;

vii. certificación de que ha rendido planillas de contribución sobre ingresos durante los últimos cinco (5) años;

viii. declaración de que se compromete a cumplir con los propósitos del programa de educación continua y con todos los requisitos establecidos por cada Junta correspondiente y por la Secretaría Auxiliar en este Reglamento y disposiciones relacionadas.

d. La Junta tendrá la obligación de aceptar o rechazar dicha solicitud de licencia de Proveedor certificado dentro de un término no mayor a seis {6) meses de la fecha de presentación de la solicitud.

e. Extendida la licencia de Proveedor certificado, los cursos que ofrezca el proveedor se considerarán pre-aprobados una vez los informe a la Junta de conformidad con los requisitos del Artículo 5.4. Cada Junta, en el ejercicio de su facultad, podrá denegar la aprobación de cualquier curso que no cumpla con los requisitos de este Reglamento, en cuyo caso lo notificará al proveedor con al menos treinta (30) días de antelación. Casos de incumplimiento podrán conllevar la revocación de la licencia expedida.

f. La licencia de Proveedor certificado tendrá una vigencia de cinco (5) años, por lo que el proveedor, de interesar continuar como tal, deberá solicitar la renovación para cada periodo subsiguiente, de conformidad con los requisitos de cada Junta.

g. Procedimiento de Renovación:

1. someter la solicitud que provea cada Junta para este propósito por lo menos seis (6) meses antes de que expire la certificación vigente;

2. incluir, cuando se trate de una entidad jurídica, su número de registro, especificando el tipo de entidad, de modo que la Junta o personal de la Secretaría Auxiliar verifique con el Registro de Corporaciones del Departamento de Estado si ésta está en cumplimiento ("good standing") con la Ley General de Corporaciones, Ley Núm. 164 de 2009, según enmendada; no se procesarán renovaciones si no están en Cumplimiento;

3. certificación de que ha rendido planillas de contribución sobre ingresos durante los últimos cinco (5) años;

4. declaración de que se compromete a cumplir con los propósitos del programa de educación continua y con todos los requisitos establecidos por la Junta correspondiente y por la Secretaría Auxiliar en este Reglamento y disposiciones relacionadas;

5. discrecionalmente, una Junta podrá solicitarle a un Proveedor que solicite la renovación de su Certificado de Proveedor: informes sobre cómo los mecanismos utilizados lograron el aprovechamiento académico de sus cursos; los objetivos del programa; la continua presencia y la participación

real y efectiva de los asistentes; copias de las hojas de evaluación de los cursos ofrecidos;

6. cualquier otro requisito que pueda solicitar cada Junta mediante Reglamento;

7. la Junta tendrá la obligación de aceptar o rechazar dicha solicitud de renovación de licencia de Proveedor Certificado dentro de un término no mayor a seis (6) meses de la fecha de presentación de la solicitud.

Artículo 5.11 -Certificación Provisional de Proveedores

1. De así entenderlo apropiado, cada Junta tendrá la discreción de extender una certificación provisional de Proveedores por un periodo de dos (2) años, a las nuevas compañías o instituciones que quieran dedicarse a ofrecer programas de educación continua, a los Programas de Educación Continua de aquellas Escuelas y Universidades reconocidas por el Consejo General de Educación o el Consejo de Educación de Puerto Rico (CEPR) o el Departamento de Educación, cualesquiera nuevos o futuros proveedores aunque no sean universidades o escuelas, reconocidos por el CEPR y por cualquier otro organismo regulador que se cree en el futuro por legislación.

2. Las organizaciones e instituciones antes indicadas presentarán la solicitud con la información que requiere el Artículo 5.10(C} de este capítulo.

3. Una vez se extienda la certificación provisional de Proveedores, los cursos que ofrezcan estas organizaciones e instituciones, se considerarán pre-aprobados siempre y cuando sean informados a la Junta de conformidad con los requisitos del Artículo 5.4(A). Cada Junta, en el ejercicio de su facultad, podrá denegar la aprobación de cualquier curso que no cumpla con los requisitos de este Reglamento o de su reglamento específico, en cuyo caso Jo notificará al proveedor con al menos 30 días de antelación a la fecha del curso.

4. Transcurrido el periodo provisional de dos (2) años, estas organizaciones e instituciones quedarán en igual situación que los demás proveedores y deberán solicitar la renovación de la licencia de proveedor certificado de conformidad con el Artículo 5.10 (G).

Artículo 5.12 -Deberes del proveedor sobre aprovechamiento académico

1. Todo proveedor debe realizar evaluaciones continuas y sistemáticas en cuanto a logros de objetivos educativos, diseño de programas, métodos pedagógicos, contenido de materiales, calidad de los recursos, entre otros.

2. A solicitud de cada Junta, el proveedor rendirá informes sobre cómo los mecanismos utilizados logran el aprovechamiento académico de sus cursos, los objetivos del programa, la continua presencia y la participación real y efectiva de los asistentes.

3. La Junta podrá verificar la eficacia de estos mecanismos a través de procedimientos que establezca por reglamento, por lo cual todo proveedor conservará los documentos y expedientes relacionados con el cumplimiento de este Artículo por un término de cinco (5) años.

Artículo 5.13 -Recursos

1. Todo proveedor establecerá los mecanismos necesarios que garanticen que los recursos que se empleen para proveer educación continua posean las calificaciones, competencia profesional y destrezas pedagógicas que permitan una enseñanza provechosa de los cursos.

2. Cada Junta podrá verificar en cualquier momento si el proveedor cumple con lo dispuesto en este Artículo.

Artículo 5.14 -Actividades no relacionadas con educación continua.

Si el proveedor combina un curso con otras actividades que no son objeto de acreditación por la Junta, como registro, almuerzo, meriendas, o presentaciones comerciales, éste expresará en los documentos que rinda a la Junta el tiempo exacto dedicado a la educación continua requerido por la Junta y el tiempo dedicado a otra actividad.

Artículo 5.15 -Deber de proveer acomodo razonable

Todo proveedor ofrecerá acomodo razonable al técnico o profesional que lo solicite por razón de algún impedimento, para que pueda cumplir con el requisito de educación continua obligatoria.

Articulo 5.16 -Expedientes de los cursos

1. Todo proveedor conservará por un término mínimo de cinco (5) años, contados a partir de la fecha en que se ofreció el curso, los expedientes sobre los cursos que haya ofrecido para propósitos de acreditación y los mantendrá a la disposición de cada Junta para inspección cuando ésta se lo requiera.

2. Los expedientes incluirán la información esencial para la acreditación de la educación continua que se detalla a continuación:

a. identificación de los cursos y objetivos educativos;

b. recursos que participaron;

c. listas de asistencia con los nombres, números de licencia o certificado, y las firmas de quienes tomaron los cursos;

d. evaluaciones de los cursos por parte de los técnicos o profesionales que los tomaron;

e. certificaciones de participación expedidas y certificaciones relacionadas;

f. utilización de mecanismos tecnológicos o de otra índole para la enseñanza en forma individual o a distancia, si aplica;

g. informes sobre aprovechamiento académico de los cursos y;

h. cualquier otra información pertinente.

3. Para conveniencia y fácil manejo los expedientes podrán conservarse en formato electrónico.

Artículo 5.17-Procedimientos ante cada junta

1. Peticiones:

a. Cualquier persona interesada en una determinación de la Junta a tenor con este Reglamento podrá presentar por escrito cualquiera de las siguientes solicitudes:

i. licencia de proveedor certificado;

ii. certificación provisional de proveedor;

iii. acreditación de cursos;

iv. exoneración;

v. diferimiento;

vi. cualquier otra petición que pudiera surgir de la aplicación de este Reglamento o de los reglamentos específicos de cada Junta.

b. Requisitos:

i. La solicitud será presentada en el formulario provisto por cada Junta, describirá en forma detallada y precisa el propósito e incluirá los documentos pertinentes que apoyan la misma. En ausencia de un formulario, la persona interesada determinará la forma de hacer la solicitud, siempre que ésta conste por escrito.

ii. La solicitud para la designación como Proveedor Certificado incluirá la información requerida en el Artículo 5.10(C).

iii. La solicitud para la acreditación de cursos incluirá la información requerida en el Artículo 5.4(A).

Artículo 5.18 -Evaluación; Determinación

1. Cada Junta evaluará las solicitudes que hayan sido debidamente presentadas;

2. Toda solicitud que no cumpla con los requisitos de este Reglamento o del reglamento específico de cada Junta o que esté incompleta podrá ser denegada por la Junta;

3. En la evaluación de la solicitud, cada Junta podrá requerirle información adicional al solicitante;

4. Cada Junta podrá conceder la solicitud en todo o en parte o denegarla. En cualquiera de los casos, deberá notificar su decisión al solicitante.

Artículo 5. 19 -Cumplimiento por técnicos o profesionales

1. **Mínimo de horas crédito**

a. Todo técnico o profesional cumplirá con los requisitos mínimos de horas crédito que se disponen en las leyes y reglamentos de cada Junta.

b. Cada Junta determinará cómo y cuándo el técnico o profesional le deberá someter la evidencia sobre su cumplimiento.

c. No obstante lo anterior, y según dispuesto en la Ley Núm. 8 de 2010, conocida como la Ley del Profesional Combatiente, todo técnico o profesional miembro de los Componentes de Reserva de las Fuerzas Armadas y de las Fuerzas Activas en servicio activo regular que se encuentre fuera de Puerto Rico por un periodo mayor a un año, estará exento de cumplir con los requisitos de educación continuada durante ese periodo. Así mismo, todo técnico o profesional miembro de la Guardia Nacional en servicio activo estatal estará exento de cumplir con los requisitos de educación continuada durante ese período. Cuando se requiera cumplir con un determinado número de créditos en un intervalo de tiempo, se prorratearán los créditos por año, de manera tal que no se contará el tiempo en el que el profesional estuvo activo. Para disfrutar de la exención el técnico o profesional deberá presentar evidencia de servicio, según se define en el Artículo 7 de la Ley Núm. 8 de 2010.

Artículo 5.20 -Aviso de Incumplimiento

La Junta podrá notificar un Aviso de Incumplimiento a todo técnico o profesional que no haya cumplido con el mínimo de horas crédito requerido.

Artículo 5.21 - Cumplimiento Tardío

1. Todo técnico o profesional que incumpla con los requisitos mínimos de horas crédito que dispongan las leyes y reglamentos de su Junta podrá presentar una Solicitud de Cumplimiento Tardío con evidencia de que cumplió con los créditos que le faltaban para completar el requisito mínimo de horas crédito dentro de los treinta (30) días siguientes a la fecha límite en que debía haber cumplido. Junto con la evidencia de cumplimiento, el

técnico o profesional deberá someter por escrito las razones que justificaron su tardanza. La Junta correspondiente evaluará la solicitud y tomará una determinación. Cada Junta tendrá la discreción de imponer las penalidades y/o multas que procedan, a tenor con las leyes y reglamentos que apliquen.

2. Lo dispuesto en este artículo no aplicará cuando sea contrario a lo que disponga alguna entidad reguladora o consejo de los Estados Unidos con inherencia sobre la Junta en cuestión, a su Ley Orgánica o alguna Ley Especial.

Artículo 5.22 - Incumplimiento; Citación

1. Transcurrido el término para presentar una solicitud de cumplimiento tardío, la Junta podrá citar por escrito al profesional o técnico a una vista informal.

2. La citación a la vista incluirá: el propósito de la vista, la fecha y lugar de la misma, el período incumplido, las consecuencias de no asistir y referencia a las disposiciones de Ley aplicables.

3. No obstante lo anterior, a aquellos técnicos o profesionales exentos a tenor con el Artículo 5.19(C) de este Reglamento, no se le podrá imponer penalidad alguna por presentar tardíamente su solicitud de cumplimiento tardío o cualquier otra documentación necesaria ante la Junta Examinadora, siempre que presente la razón eximente ante la Junta Examinadora correspondiente no más tarde de sesenta (60) días después del vencimiento de su orden militar.

Artículo 5.23 - Vista Informal ante cada junta

1. El técnico o profesional citado a una vista informal por incumplimiento a los requisitos de educación continua expondrá las razones que justifiquen su incumplimiento y presentará la prueba a su favor que tenga disponible.

2. Cada Junta evaluará las razones expuestas y resolverá lo que proceda conforme a la legislación y/o reglamentación aplicable.

3. En caso de incomparecencia, la Junta tomará la determinación administrativa que proceda de conformidad con su ley habilitadora, su Reglamento o, de no existir una disposición relacionada vigente, podrá imponer una multa no mayor de $500 o la suspensión de la licencia o ambas a discreción de cada Junta.

4. La determinación de la Junta será notificada oportunamente al técnico o profesional de concernido.

Artículo 5.24 - Mecanismos alternos de cumplimiento y otras disposiciones

1. Participación como recursos

Los técnicos y profesionales que participen como recursos en la educación continua podrán recibir, a discreción de la Junta, acreditación por esta función cuando presenten ante la Junta su solicitud y la certificación del proveedor en que conste su participación y horas de enseñanza.

Cada Junta determinará en su Reglamento la cantidad de tiempo acreditable, si alguno, cuando el recurso participe en ofrecimientos múltiples del mismo curso.

Artículo 5.25 -Publicación de obras de contenido para cada profesión u oficio

Los técnicos o profesionales que publiquen libros de contenido profesional o técnico y artículos en revistas técnicas o profesionales reconocidas podrán recibir, a discreción de la Junta, acreditación por estas publicaciones, cuando presenten su solicitud con la evidencia pertinente sobre la publicación realizada y horas dedicadas. Corresponderá a cada Junta determinar la cantidad de horas crédito a ser acreditadas, si alguna, por dichas publicaciones.

Artículo 526 -Estudios de Maestría y Doctorado

Cada Junta podrá, a su discreción, relevar de tomar cursos de educación continua a todo profesional o técnico que haya completado un grado de Maestría en materias relativas a su profesión u oficio en alguna universidad reconocida por el CEPR después de haber obtenido su licencia o certificado. Si el grado completado es de Maestría, la Junta podrá relevarlo de tomar cursos de educación continua por un periodo de hasta dos (2) años, término que se contará a partir de la fecha de obtención del grado. Si el grado obtenido es un Doctorado o su equivalente, el periodo de exención podrá ser de hasta tres (3) años, contado a partir de la fecha de obtención del grado.

Artículo 5.27 -Acreditación Retroactiva

1. De entenderlo necesario y pertinente, aquellas Juntas cuya ley habilitadora exige el cumplimiento de requisitos de educación continua, pero no tenían en vigor un requisito de educación continua anterior a este Reglamento, podrán acreditar los cursos de educación continua que los técnicos y profesionales hayan tomado en los tres (3) años anteriores a la fecha de vigencia de este Reglamento.

2. Para obtener la acreditación será necesario presentar una solicitud de conformidad con los Artículos 5.3 y 5.4, e incluir la certificación del proveedor que acredite la participación del técnico o profesional en los cursos.

3. Cada Junta se podrá reservar la facultad de determinar si estos cursos cumplen o no con los criterios establecidos para su acreditación y podrá solicitar la información adicional que estime pertinente.

Artículo 5.28 -Notificaciones de la junta; Modos de Realizarlas

Las notificaciones de cada Junta a los técnicos o profesionales y a los proveedores podrán ser realizadas a través del correo ordinario, facsímile o medios electrónicos. La Junta deberá confirmar el recibo de la notificación en aquellos casos que se cite a vista o se notifique alguna denegatoria. Las siguientes son notificaciones que la Junta podrá enviar a los técnicos, profesionales o proveedores, según sea el caso y que pueden variar dependiendo de las disposiciones de las leyes habilitadoras y Reglamentos específicos de cada Junta.

1. Técnicos o profesionales licenciados o certificados:

a. Acreditación de cursos total, parcial o denegación de acreditación;

b. Requerimiento de información adicional para acreditación de cursos;

c. Acreditación por participación como recurso;

d. Acreditación por publicación de obras;

e. Acreditación retroactiva de cursos;

f. Relevo de la educación continua por estudios de maestría y doctorado;

g. Aviso de Incumplimiento;

h. Cumplimiento tardío;

i. Decisión en reconsideración;

j. Señalamiento de vista;

k. Determinación luego de la vista;

l. Determinación de la Junta en caso de incomparecencia a la vista;

m. Exoneración de cumplimiento de educación continua por incapacidad para ejercer la profesión;

n. Exoneración de educación continua por justa causa;

o. Diferimiento de la educación continua por justa causa;

p. Cualquier otra relacionada con el cumplimiento de requisitos.

2. Proveedores:

1. Certificación Provisional de Proveedor;

2. Licencia de Proveedor Certificado;

3. Aprobación de cursos, en todo o en parte;

4. Denegación de aprobación de cursos;

5. Denegación de solicitud de Proveedor Certificado;

6. Requerimiento de informes sobre comprobación de aprovechamiento académico;

7. Requerimiento de inspección de documentos;

8. Incumplimiento con mecanismos para garantizar idoneidad de recursos;

9. Decisión en reconsideración;

10. Señalamiento de vista;

11. Revocación de licencia por incumplimiento con el programa de educación continua;

12. Requerimiento de información adicional;

13. Cualquier otra relacionada con el cumplimiento de requisitos.

Artículo 5.29 - Situaciones no previstas

1. Cada Junta, podrá tomar medidas para atender situaciones no previstas en la forma que, a su juicio, sirva a los mejores intereses de los técnicos o profesionales licenciados o certificados.

2. Para atender una situación de falta de miembros en una Junta, ya sea por ausencia o por falta de nombramientos para ocupar vacantes, la Junta podrá delegar en un Comité compuesto por tres de sus miembros la facultad de certificar proveedores o de aprobar cursos o cualquier otro asunto establecido en este Capítulo. La composición del Comité no tiene que ser permanente y podrá variar según la asistencia de los miembros presentes en las reuniones donde se están dilucidando asuntos relacionados con la educación continua.

Artículo 5.30 -Reconsideración de las decisiones de las juntas

1. Reconsideración: La persona natural o jurídica que no esté conforme con la decisión de una Junta hecha a tenor con este Reglamento, tendrá derecho a presentar una solicitud de reconsideración, por escrito, dentro del término de quince (15) días desde el archivo en autos de la notificación de la decisión de la Junta. Dentro de los treinta (30) días de haberse recibido dicha solicitud de reconsideración, la Junta deberá considerarla. Si la rechazare de plano o no actuare dentro de los treinta {30) días, el término para solicitar revisión ante el Tribunal de Apelaciones, a tenor con la Ley de Procedimiento Uniforme, 3 LPRA §§ 2711, *et seq.*, comenzará a correr nuevamente desde que se notifique dicha denegatoria o venzan que expiren los treinta (30) días de su presentación, según sea el caso. Si la Junta tomare alguna determinación en su consideración, el término para solicitar revisión

ante el Tribunal de Apelaciones empezará a contarse desde la fecha del archivo en autos de la ratificación de la decisión de la Junta resolviendo la reconsideración.

2. El término de quince (15) días para presentar una moción de reconsideración ante una Junta es de cumplimiento estricto, prorrogable sólo por justa causa.

Artículo 5.31 -Revisión administrativa

Una parte adversamente afectada por una orden o resolución final de una Junta y que haya agotado todos los remedios provistos por la Junta podrá presentar una solicitud de revisión ante el Tribunal de Apelaciones, dentro de un término de treinta (30) días contados a partir de la fecha del archivo en autos de la copia de la notificación de la orden o resolución final. La parte notificará la presentación de la solicitud de revisión a la Junta y a todas las partes dentro del término para solicitar dicha revisión. La notificación podrá hacerse por correo certificado con acuse de recibo, disponiéndose que si la fecha de archivo en autos de copia de la notificación de la orden o resolución final de Junta es distinta a la del depósito en el correo de dicha notificación, el término se calculará a partir de la fecha del depósito en el correo.

Artículo 5.32 -Disposiciones para licenciados inactivos

Cada Junta podrá aprobar disposiciones para la inactivación de aquellos licenciados que no estén practicando activamente su profesión, y los requisitos de educación continua para su reactivación.

Artículo 5.33 -Aprobación del Reglamento específico de cada junta

1. Cada Junta deberá utilizar el presente reglamento como guía al preparar o enmendar sus propios reglamentos. Este Capítulo del Reglamento pretende brindar los requisitos básicos para la elaboración de reglamentos específicos que afecten a cada una de las Juntas, lo que no impide que las Juntas impongan requisitos distintos a los establecidos en este Reglamento, siempre que no sean inconsistentes con la Ley Núm. 41-1991, según enmendada, 20 LPRA §§ 10, et seq, la Ley Núm. 170-1988, según enmendada, o su ley habilitadora. Si previo a la aprobación de este Reglamento alguna Junta hubiera aprobado un Reglamento Específico cuyo contenido la Junta determine está acorde con el presente Reglamento, entonces no será necesario que la Junta enmiende su Reglamento o adopte uno nuevo.

2. Como parte de la elaboración de enmiendas o la adopción de un nuevo reglamento específico, cada Junta podrá someter el borrador de reglamento al Colegio o Asociación Profesional concerniente a la profesión u oficio

que regula la Junta, concediéndole un término de treinta (30) días para someter por escrito sus comentarios, objeciones o sugerencias. De haber controversia entre el contenido del propuesto Reglamento y lo esbozado por el Colegio o Asociación, la Junta citará una reunión con representantes del Colegio o Asociación para esclarecer las posiciones de las partes. De necesitar algún mediador en este proceso el Departamento de Estado podrá proveer éste. Se hará el mayor esfuerzo para que cada reglamento, nuevas leyes o enmiendas a leyes, sea el producto del consenso con los gremios profesionales concernidos.

3. Luego de evaluar los comentarios, objeciones o sugerencias del Colegio o Asociación concernido, la Junta hará los cambios que se entiendan pertinentes al borrador, la Junta someterá el borrador de reglamento a la Secretaría Auxiliar y a la Oficina de Asuntos Legales del Departamento, quienes cotejarán que se reúnan los requisitos dispuestos en las leyes y reglamentos aplicables.

4. De transcurrir el término de treinta (30) días sin que el Colegio o Asociación haya sometido por escrito sus comentarios, objeciones o sugerencias, la Junta entenderá que el Reglamento fue aceptado sin enmiendas, por lo que someterá el borrador de reglamento a la Secretaría Auxiliar, quien cotejará que se reúnan los requisitos dispuestos en las leyes y reglamentos aplicables.

5. Una vez cotejado el reglamento, la Secretaría Auxiliar someterá el borrador de Reglamento a la División de Asuntos Legales del Departamento de Estado para que se someta al procedimiento de Reglamentación establecido en la Ley de Procedimiento Administrativo Uniforme, Ley Núm. 170 de 12 de agosto de 1988, según enmendada, 3 LPRA §§ 2121, *et seq.*

Capítulo 6 - Procedimientos Adjudicativos e Investigativos

Título I: Disposiciones Generales

Artículo 6.1 - Propósito

El propósito de esa sección en el Reglamento es establecer unos procedimientos investigativos y adjudicativos ágiles y efectivos en la Secretaría de Juntas Examinadoras y atemperarlos a los desarrollos recientes y las tendencias de la práctica del derecho administrativo, para así continuar garantizando la atención justa, rápida y económica de las controversias que puedan surgir.

Articulo 6.2 -Autoridad

Este sección se adopta y promulga en virtud de las disposiciones cumplimiento con la Ley Núm. 170 de 12 de agosto de 1988 según enmendada, conocida como Ley de Procedimiento Administrativo Uniforme, 3 L.P.R.A. §§ 2101 *et seq.*

Artículo 6.3 - Interpretación

Esta sección del reglamento se interpretará de forma liberal, de modo que se garantice una solución justa, rápida y económica de todos los procedimientos.

Artículo 6.4 -Idioma

Los procedimientos que se lleven a cabo al amparo de este Reglamento se conducirán en español.

Cuando la situación lo amerite, o en el mejor interés de las partes, y así lo determine el Secretario, se podrán efectuar en el idioma inglés. La parte que utilice otro idioma que no sea el español o el inglés deberá proveer a la Secretaría Auxiliar de Juntas Examinadoras con traducción simultánea de su testimonio o presentación. En el caso de los documentos y/o evidencia presentada en otro idioma, deberá proveerse una traducción escrita certificada.

Artículo 6.5 -Jurisdicción

La Secretaría Auxiliar recomendará y las Juntas investigarán, procesarán y recomendarán las acciones a seguir sobre aquellas reclamaciones relacionadas con acciones u omisiones de los profesionales adscritos a las Juntas Examinadoras. Esta función fiscalizadora se extiende a la infracción de toda ley o reglamento que reconozca derechos así como normas, protocolos y guías internas adoptadas en cumplimiento de ley. El Oficial Examinador recomendará y la Junta concederá los remedios procedentes en derecho. Asimismo, de acuerdo a los parámetros establecidos por la Ley la Junta, podrá ordenar acciones correctivas a cualquier persona natural o jurídica, o cualquier agencia que niegue, entorpezca, viole o perjudique los derechos y beneficios reconocidos por el derecho aplicable. En su función de ejecutar la política pública, el Secretario podrá limitar el tipo de caso en que la Secretaría Auxiliar entenderá siempre que estos no sean de su jurisdicción primaria o exclusiva.

Articulo 6.6 -Asuntos excluidos

No se investigará una Queja cuando:

1. Se refiera a algún asunto fuera de la jurisdicción o competencia de la Junta.

2. De la faz de la misma se desprenda que es carente de mérito.

3. La parte reclamante desista voluntariamente de su reclamación.

4. La parte reclamante no tenga legitimación activa para instarla por no ser parte afectada.

5. El asunto está siendo considerado, adjudicado o investigado por otro foro al momento de presentarse la queja y a juicio del Secretario representaría una duplicidad de esfuerzos y recursos actuar sobre la misma.

De recibirse alguna queja que no plantee una controversia que se pueda adjudicar o que se refiera a algún asunto fuera de la jurisdicción de la División, se orientará a la parte reclamante y, en caso de estimarlo procedente, el Secretario podrá realizar el referido correspondiente al foro competente para atender el asunto.

Título II: Procedimiento Adjudicativo

Artículo 6.7 -Solicitud de investigación y forma de iniciar una queja

Una reclamación se podrá iniciar con una Queja, donde se expresen los hechos que motivan la reclamación. Cualquier persona, mediante una Queja, podrá solicitar al Secretario que inicie la investigación de una posible violación a las disposiciones que rigen las profesiones u oficios. La Secretaría Auxiliar solicitará los documentos e información necesarios para entender en su caso a la parte reclamante. En caso de que la parte reclamante sea recibida en la Secretaría Auxiliar para propósitos de consulta u orientación, y el Secretario entendiera que el asunto amerita la presentación de una Queja, el mismo pasará inmediatamente a la atención de la Secretaría Auxiliar. Nada de lo dispuesto en este Capítulo limitará la facultad de la Junta para llevar a cabo una investigación por iniciativa propia cuando lo crea necesario y conveniente para poner en vigor las disposiciones de alguna Ley o Reglamento.

Artículo 6.8 -Presentación de Quejas

La presentación de quejas ante la Junta deberá hacerse por escrito, mediante correo regular, fax, correo electrónico o cualquier otro medio disponible. Cuando se utilicen estos últimos medios la evidencia de la presentación será la confirmación con fecha y hora de transmisión de documento.

Artículo 6.9 - Contenido de la Solicitud de Investigación o Queja

La Queja o solicitud de investigación deberá contener:

1. El nombre, dirección, correo electrónico y número de teléfono de la parte reclamante.

2. El nombre, dirección, correo electrónico y número de teléfono de la persona o institución contra la cual se reclama.

3. Una relación de hechos clara y concisa de la situación o acción administrativa en que se fundamenta la reclamante para creer que se ha violado alguna ley o reglamento, y que justifica una intervención por parte de la Junta.

4. Referencia a las disposiciones legales aplicables y al remedio que se solicita, si se conocen.

5. Constancia de que la parte contra la cual se reclama no ha corregido su acción o que ha transcurrido un período de tiempo irrazonable sin que se haya tomado acción alguna, o que se haya tomado una determinación o decisión inadecuada.

6. Acompañará con la Queja una declaración jurada ante notario autorizado a ejercer la práctica notarial en Puerto Rico de que lo que se afirma en la solicitud es cierto según el mejor conocimiento del/la reclamante. De presentarse la queja mediante algún medio electrónico se anejará copia digital de la declaración jurada.

Artículo 6.10 -Evidencia

La reclamante deberá acompañar toda la evidencia que tenga disponible al momento de presentar la reclamación. Deberá también informar sobre la existencia de evidencia adicional que conozca y que esté bajo el control de la parte reclamada.

Articulo 6.11 -Representación legal

La parte querellante/reclamante podrá presentar una queja por derecho propio o representada por abogada/o licenciada/o. De igual modo, la parte querellada podrá comparecer representada por abogada/o o por derecho propio.

Toda corporación o persona jurídica deberá comparecer por conducto de un/a abogada/o o de un/a oficial autorizada/o para representarla en el procedimiento mediante resolución al efecto, lo cual debe acreditar presentando dicho documento ante el/la Oficial Examinador/a.

Artículo 6.12 -Evaluación y determinación de investigar

De entender la Junta que existe causa suficiente para iniciar una investigación formal, deberá notificarlo así a la parte reclamante y a la parte que será objeto de investigación, con expresión de los hechos alegados y una cita de la disposición estatutaria y reglamentaria que le confiere facultad para realizar la investigación. Previo a determinar que procede una investigación formal, la Junta podrá realizar gestiones encaminadas a obtener información que le permita evaluar los méritos de una queja o solicitud de investigación. De entender que hay méritos en el reclamo, la queja será presentada en una Querella con su correspondiente número de identificación.

Artículo 6.13 -Determinación de no investigar

De entender la Junta que no hay causa y que no procede realizar una investigación deberá así notificarlo a la parte reclamante expresando las razones para ello y apercibiéndole de su derecho a solicitar reconsideración y revisión de dicha determinación.

Artículo 6.14 -Confidencialidad de la investigación y el expediente correspondiente

Las investigaciones realizadas por la Junta tendrán carácter confidencial. Esta disposición tiene como propósito proteger el progreso de las investigaciones, que no se entorpezca o interfiera indebidamente la investigación y que no se afecte la capacidad de la Junta de adquirir información de posibles víctimas o testigos sobre conducta que atente contra los derechos ciudadanos con el efecto de impedir un efectivo cumplimiento de la Ley. El carácter confidencial se extiende al expediente que levantare la Junta. Dichos expedientes no estarán sujetos a descubrimiento de prueba y se considerarán información privilegiada.

Artículo 6.15 -Métodos de investigación

La Junta podrá iniciar las investigaciones que estime pertinentes en cualquier momento. Podrá compeler mediante el Oficial Examinador o mediante la propia Junta o por medio de uno de sus miembros, a cualquier parte o agencia a producir cualquier tipo de información y documentos que estime pertinentes mediante requerimiento, expedir citaciones compulsorias a testigos, hacer inspecciones oculares, tomar juramentos y recibir testimonios jurados, hacer investigación de campo y en agencias, y entrevistar testigos. Los métodos de investigación a utilizarse no estarán limitados a los arriba descritos, pudiendo utilizarse los que la Junta determine, a través de su Oficial Examinador.

Cada requerimiento especificará el término que tendrá la parte requerida para producir la información solicitada y la apercibirá que sólo se considerarán extensiones de tiempo fundamentadas por justa causa y presentadas dentro del término original. Además, deberá advertir que la persona que desobedezca, impida o entorpezca voluntariamente el desempeño de las funciones de la Junta en el cumplimiento de sus deberes, que la Junta podrá invocar la ayuda o el auxilio de cualquier tribunal para sancionarla con multa que no excederá de cinco mil ($5,000) dólares o con pena de reclusión que no excederá de seis (6) meses, o ambas penas, a discreción del tribunal.

Artículo 6.16 -Negativa a contestar un requerimiento

Cuando una persona debidamente citada o compelida a cumplir con un requerimiento de investigación del Oficial Examinador no comparezca, no produzca la evidencia, rehúse contestar o permitir una inspección, el Secretario podrá requerir por sí o solicitar el auxilio de cualquier Tribunal de Primera Instancia para ordenar, bajo apercibimiento de desacato, la asistencia, declaración, reproducción o inspección requerida. En caso que la persona desobedezca, impida o entorpezca un requerimiento de investigación por parte del Oficial Examinador o de la Junta (en aquellos casos que aplique), el Secretario podrá referir dicha conducta al Departamento de Justicia para el correspondiente procesamiento criminal.

Artículo 6.17 -Aviso de infracción

Sin menoscabo de la autoridad para proceder con una Querella conforme dispone este Reglamento, en caso de que la investigación arroje el incumplimiento con una norma vigente, la Junta tendrá la facultad de optar por emitir un aviso de infracción, el cual contendrá lo siguiente:

1. Nombre completo del infractor. Este incluirá, de ser posible, ambos apellidos.

2. Dirección física y postal, correo electrónico, y número de teléfono del infractor. Se incluirá cualquier método de comunicación cuya información esté disponible, como correo electrónico y fax.

3. Una descripción de la actuación u omisión constitutiva de la violación. (i.e. Determinaciones de Hechos)

4. Disposiciones legales y reglamentarias por las cuales se le notifica el aviso de infracción. (i.e. Conclusiones en Derecho)

5. Una advertencia a los efectos de que la Junta podrá, de no corregirse la infracción dentro del término concedido, notificar formalmente una querella y las posibles sanciones y remedios.

6. Las circunstancias del/a empleado/a o funcionario/a que emite el aviso, incluyendo su nombre completo y su cargo en la Junta.

Título III: Fase Adjudicativa

Artículo 6.18 -Querella

Luego de completado el procedimiento investigativo y entenderse que existe prueba suficiente para la presentación formal de una Querella, o en caso de no corregirse una conducta que haya sido objeto de un aviso de infracción, o en cualquier otro caso que se entienda que existe justificación, la Junta procederá a notificar la Querella dirigida a la parte querellada.

Toda querella será diligenciada mediante correo electrónico y correo regular con acuse de recibo, y deberá contener la siguiente información:

1. Nombre completo del querellado. Este incluirá, de ser posible, ambos apellidos.

2. Dirección física y postal, correo electrónico, y número de teléfono de la parte querellada. Se incluirá cualquier método de comunicación cuya información esté disponible, como correo electrónico y fax.

3. Relación sucinta y clara de los hechos que dan origen a la Querella.

4. Disposiciones legales y reglamentarias por las cuales se imputa la violación y que autorizan la presentación de la querella.

5. Remedio solicitado.

6. Fecha de presentación de la querella.

7. Firma del/la funcionaria/o de la Junta al cual se haya delegado la presentación de la querella.

8. Apercibimiento al querellado/a de los siguientes derechos: (1) comparecer por derecho propio o representada/o por abogada/o autorizada/o a ejercer la abogacía en Puerto Rico; (2) presentar su contestación a la Querella; (3) una adjudicación imparcial; (4) presentar evidencia y confrontar la evidencia que se presente en su contra; y (5) que la decisión sea una basada en el expediente.

9. Apercibimiento de que puede allanarse a la Querella y los remedios en ella solicitados o en la alternativa, de su derecho a contestar la misma y solicitar la celebración de una vista adjudicativa.

10. Una advertencia al querellado a los efectos de que si no contesta la Querella dentro un término de veinte {20} días laborables contados a partir de su notificación, se expone a que se emita una resolución en su contra confirmando la sanción recomendada, sin más oportunidad de citarle ni oírle.

11. Una certificación de envío con fecha y archivo de copia de la notificación debidamente cumplimentada. Cada parte anejará a su Querella o contestación copia de todo documento que considere ofrecer en evidencia, sin perjuicio de producir documentos adicionales más adelante durante el procedimiento. No obstante, una parte no podrá ofrecer en evidencia documentos que fueron solicitados por la otra parte y no le fueron entregados.

Artículo 6.19 -Desistimiento.

La Querella podrá desistirse en cualquier momento mediante la presentación de un aviso a tal efecto o anunciándolo durante la celebración de una vista. Un desistimiento será sin perjuicio a menos que se especifique lo contrario en el aviso de desistimiento. De ser la segunda vez que se desiste de la misma acción, el desistimiento será con perjuicio. Todo aviso de desistimiento deberá ser evaluado por el/la Oficial Examinador/a, quien emitirá su recomendación a la Junta correspondiente para aprobarlo o denegarlo.

Artículo 6.20 -Contestación a la Querella

La parte querellada tendrá veinte (20) días laborables, contados a partir de la fecha de recibo de la Querella para contestar las alegaciones de la misma. De necesitar una prórroga deberá solicitarla exponiendo sus fundamentos que acrediten justa causa, antes del vencimiento del término. Se concederán prórrogas no mayores de cinco (5) días laborables.

Articulo 6.21 -Efecto de no contestar la querella

De no contestarse la querella dentro del término original o la prórroga concedida, la Junta podrá emitir una resolución indicando que la sanción notificada es final y firme. La inacción de la parte querellada se interpretará como una aceptación voluntaria de los hechos que motivaron la presentación de la querella, la violación a la norma aplicable y la sanción impuesta.

Artículo 6.22 -Enmiendas a las alegaciones y consolidación de Querellas o vistas

El/la Oficial Examinador/a podrá autorizar liberalmente enmiendas a las alegaciones en interés de la justicia y que no causen un perjuicio indebido a la parte contraria, si la solicitud se somete dentro de un término razonable con antelación a la vista o cuando con el consentimiento de expreso o implícito de las partes se someten durante la celebración de la vista. Además, cuando varias Querellas planteen alegaciones sustancialmente iguales aunque sean contra partes distintas, o se ventilen varias querellas contra la misma parte querellada, las mismas podrán, a juicio del/la Oficial Examinador/a, consolidarse.

Dicha consolidación podrá disponerse como un trámite administrativo interno y se hará siempre en el expediente más antiguo. En caso de Querellas separadas podrá realizarse una consolidación para efectos de la vista adjudicativa siempre que se cuente para ello con la autorización del/la Oficial Examinador/a.

Artículo 6.23 -Oficial Examinador/a

Cuando se presente una querella, el Secretario deberá inmediatamente nombrar a un/a Oficial Examinador/a que conducirá el procedimiento adjudicativo. El/la Oficial Examinador/a, en el desempeño de sus funciones, tendrá facultad para:

1. Entender en todo asunto interlocutorio, procesal y para evidenciar la fase adjudicativa desde la presentación de la querella.

2. Expedir citaciones para la comparecencia de testigos.

3. Emitir órdenes para la producción de documentos e información y órdenes protectoras conforme a las Reglas de Procedimiento Civil y cualesquiera órdenes que fueren necesarias para garantizar la conducción adecuada de los procedimientos y la solución justa, rápida y económica de los casos.

4. Tomar juramentos.

5. Determinar y limitar el descubrimiento de prueba a aquella pertinente y resolver incidentes durante el descubrimiento.

6. Celebrar las conferencias o vistas que considere necesarias.

7. Mantener el orden y velar por la observancia del respeto durante todo el procedimiento.

8. Emitir resoluciones interlocutorias y parciales.

9. Prorrogar o acortar términos.

10. Tomar conocimiento oficial de todo lo que pudiere ser objeto de conocimiento judicial en los tribunales.

11. Requerir la presentación de cualesquiera documentos, alegatos o memorandos que estime pertinentes en relación con cualesquiera asuntos ante su consideración.

12. Presentar a la Secretaría Auxiliar de Juntas Examinadoras su informe de recomendación final sobre la disposición del caso para la consideración y determinación final de la Junta correspondiente.

Artículo 6.24 -Conducta y desempeño de los/las Oficiales Examinadoras/es

En el ejercicio de sus funciones los/las Oficiales Examinadoras/es se regirán por los siguientes principios y normas:

1. No podrán tener participación, ni conocimiento alguno, de las investigaciones que se lleven a cabo en la Secretaría Auxiliar.

2. Deberá ser imparcial. Su conducta deberá excluir toda apariencia de que es susceptible de actuar a base de influencias o motivaciones impropias. Además, no deberá incurrir en conducta constitutiva de discrimen por razón de raza, color, nacimiento, origen, condición física o socioeconómica, edad, género, orientación sexual o ideas políticas o religiosas.

Artículo 6.25 -Inhibición o recusación del/la Oficial Examinador/a

El/la Oficial Examinador/a deberá inhibirse totalmente de realizar gestiones y de intervenir en cualquier caso en que:

1. Tenga cualquier interés, sin limitarse al económico, en el resultado, o perjuicio o parcialidad hacia alguna parte del procedimiento o su representante legal.

2. Sea pariente dentro del cuarto grado de consanguinidad o afinidad con alguna de las partes o sus representantes legales.

3. El/la Oficial Examinador/a haya sido abogada/o o consejera/o de alguna de las partes en el mismo caso o investigador/a de los hechos que dan base a la querella.

4. Cualquier otra causa que pueda razonablemente arrojar dudas sobre su imparcialidad para adjudicar o que tienda a minar la confianza pública en las funciones cuasi judiciales de la Secretaría Auxiliar.

Si alguna de las partes considerara que existe alguna de las circunstancias enumeradas y el/la Oficial Examinador/a no se ha inhibido de intervenir en el caso, podrá solicitar su recusación mediante solicitud jurada, debidamente fundamentada y que exponga detalladamente los hechos que le dan base. La peticionaria de la solicitud tendrá la obligación de hacerla tan pronto advenga en conocimiento de la causa de recusación. La solicitud deberá ser dirigida directamente al Secretario por conducto de la Secretaría Auxiliar, quien deberá considerarla inmediatamente y de entender que la misma es procedente, mediante resolución ordenará que el/la Oficial Examinador/a se abstenga de intervenir en el caso. Al determinar que procede una recusación el Secretario nombrará de forma simultánea a otro/a funcionario/a para que funja como Oficial Examinador/a.

Artículo 6.26 -Prohibición de comunicaciones *Ex-Parte*

Ninguna de las partes podrá participar de comunicación alguna con el/la Oficial Examinador/a en torno a los procedimientos, en ausencia de las demás partes.

Artículo 6.27 -Solicitud de intervención

Cualquier persona con interés legítimo en un procedimiento adjudicativo podrá solicitar intervención en el mismo, por escrito y fundamentando su posición. Los siguientes factores serán considerados por el/la Oficial Examinador/a al conceder o denegar la solicitud:

a. Que el interés de la parte peticionaria pueda afectarse adversa y directamente por el procedimiento y la decisión que eventualmente tome la Secretaría Auxiliar o la Junta correspondiente.

b. Que no exista otro medio en derecho para que la parte peticionaria pueda proteger adecuadamente su interés.

c. Que el interés ya esté representado adecuadamente por las partes en el procedimiento.

d. Que la participación de la peticionaria pueda facilitar razonablemente levantar un expediente más completo del asunto.

e. Si la participación de la parte peticionaria extendería o dilataría indebida o excesivamente el procedimiento.

f. Si la parte peticionaria podría razonablemente representar el interés de un grupo o comunidad.

g. Si la parte peticionaria tiene la capacidad de aportar información, conocimiento pericial o asesoramiento especializado no disponible de otra manera.

Artículo 6.28 -Determinación en torno a la intervención

El/la Oficial Examinador/a deberá examinar toda solicitud de intervención y, en un término no mayor de quince (15) días, emitir una breve recomendación fundamentada por escrito y dirigida al Secretario quien emitirá, en consulta con la Junta correspondiente, una resolución. Si decide denegar la solicitud de intervención, la resolución notificará a la parte peticionaria los fundamentos y el recurso de revisión disponible. Una solicitud de intervención debe ser resuelta dentro de un término directivo de veinticinco (25) días a partir de su presentación.

Artículo 6.29 -Descubrimiento de prueba

Los siguientes principios serán aplicables al descubrimiento de prueba:

1. Funcionamiento. En el procedimiento adjudicativo regirán los principios generales de evidencia.

Las reglas de Procedimiento Civil y las de Evidencia se utilizarán como guía y aplicarán en la medida en que el/la Oficial Examinador/a estime necesario para llevar a cabo los fines de la justicia.

2. Limitaciones. El descubrimiento podrá ser limitado en su frecuencia, extensión y alcance conforme a las necesidades de las partes y a las características del caso y considerando posibles perjuicios, conforme a la discreción del/la Oficial Examinador/a. Éste/a podrá, a iniciativa propia y por solicitud de las partes, emitir órdenes de descubrimiento u órdenes protectoras según sea pertinente. Para ello, considerará si el descubrimiento solicitado es acumulativo, oneroso o si la información puede obtenerse de forma más conveniente por la parte solicitante.

3. **Deber continuo.** Una parte que responde a una petición de descubrimiento tiene la obligación continua de proveer a las demás cualquier información adicional relacionada, que obtuviere luego de haber respondido.

4. **Objeciones.** Cualesquiera objeciones al descubrimiento de prueba deberán ser presentadas por escrito, dentro de los diez {10) días siguientes a la solicitud de la otra parte.

5. **Orden protectora.** Toda solicitud de orden protectora expondrá con particularidad el descubrimiento al cual se opone, los fundamentos en que se basa y el remedio solicitado. El/la Oficial Examinador/a tendrá discreción para emitir órdenes protectoras con providencias que se ajusten a las circunstancias del caso.

6. **Inspecciones oculares.** A solicitud de las partes y por razones extraordinarias, el/la Oficial Examinador/a podrá realizar inspecciones oculares para lo cual deberá notificar y requerir la presencia de todas las partes en el procedimiento.

Artículo 6.30 -Deposiciones

Las deposiciones podrán ser autorizadas por el/la Oficial Examinador/a sólo por vía de excepción, cuando se demostrare:

1. La imposibilidad de obtener el testimonio mediante algún método alternativo o demora irrazonable, opresión o perjuicio irreparable.

2. Que es esencial preservar el testimonio porque el mismo será imposible de presentar durante la vista.

Artículo 6.31 -Inferencia permisible

Cuando una información que el/la Oficial Examinador/a ordena descubrir o producir no sea proporcionada por una parte que tiene control exclusivo sobre la misma, el/la Oficial Examinador/a podrá decidir hacer la inferencia de que la información, de haber sido descubierta, le sería adversa a la parte que la tiene bajo su control.

Artículo 6.32 -Incumplimiento con orden de descubrimiento de prueba

Además de cualquier sanción económica que pueda recibir una parte que incumpla con una orden de descubrimiento de prueba, la Secretaría Auxiliar podrá presentar ante el Tribunal de Primera Instancia una solicitud de auxilio de jurisdicción para instruir al cumplimiento de la orden bajo apercibimiento de desacato.

Artículo 6.33 -Conferencia con antelación a la vista

En casos que considere complejos, *sua sponte* o a solicitud de parte, el/la Oficial Examinador/a podrá señalar la celebración de una conferencia preliminar, dirigida por él/ella y en la cual se discuta:

1. La posibilidad de transacción.
2. La simplificación de las controversias y estipulación de hechos.
3. Enmiendas a las alegaciones producción, revisión e intercambio de pruebas.
4. Calendario de descubrimiento pendiente, de vista adjudicativa o inspecciones oculares.
5. Cualesquiera otros asuntos a discutir por las partes.

El/la Oficial Examinador/a emitirá una resolución para establecer los acuerdos a los que se llegó.

Artículo 6.34 -Conferencia preliminar entre ahogadas/os

El/la Oficial Examinador/a, podrá, a su discreción, ordenar que las/los abogadas/os celebren entre ellos una conferencia preliminar en la cual discutan dichos asuntos y los presenten en un informe con un término de cinco (5) días previo a la conferencia con antelación a la vista. De presentarse dicho informe, el mismo regirá los procedimientos durante la vista a menos que por causa justificada y en bien de la justicia el/la Oficial Examinador/a autorice algo diferente.

Artículo 6.35 -Oferta transaccional

Las transacciones se regirán por los siguientes principios:

1. Oferta. Las partes podrán promover, negociar y acordar transacciones que finalicen el caso en cualquier etapa de los procedimientos. Una oferta de transacción por la parte querellada deberá contar con el aval de una persona o funcionario autorizado para llegar a acuerdos y su mera presentación no paralizará los procedimientos adjudicativos.

2. Conferencia. Podrán celebrarse, por orden de, y bajo la dirección del/la Oficial Examinador/a, conferencias de transacción.

3. Contenido. Deberá constar en el documento el libre consentimiento de las partes interesadas, podrá exponer acciones a las que se obligan en caso de incumplimiento (cláusula penal) y, en caso de que se impongan sanciones económicas, deberá hacerse expresión detallada de las mismas y del plan de pago, de haberlo.

4. Aprobación. Todo memorando o acuerdo de transacción deberá ser presentado inmediatamente al ser suscrito, para la consideración del/la

Oficial Examinador/a, quien deberá recomendar a la Junta correspondiente impartir o no su aprobación al mismo mediante resolución. La Junta impartirá aprobación institucional a una transacción cuando la misma, a su juicio, no contravenga la política pública de la Secretaría Auxiliar, la ley habilitadora y los reglamentos.

Artículo 6.36 -Órdenes y resoluciones sumarias

Si la Secretaría Auxiliar determina a solicitud de alguna de las partes y luego de analizar los documentos que acompañan la solicitud de orden o resolución sumaria, los documentos incluidos en oposición, así como aquéllos que obren en el expediente de la agencia, que no es necesario celebrar una vista adjudicativa, podrá recomendar a la Junta correspondiente dictar órdenes o resoluciones sumarias, ya sean de carácter final, o parcial resolviendo cualquier controversia entre las partes que sea separable de las demás controversias.

La Secretaría Auxiliar no podrá recomendar dictar órdenes o resoluciones sumarias cuándo: 1) existen hechos materiales o esenciales controvertidos; 2) hay alegaciones afirmativas en la Querella que no han sido refutadas; 3) surge de los propios documentos que se acompañan con la petición una controversia real sobre algún hecho material y esencial; o 4) como cuestión de derecho no procede.

Artículo 6.37 -Naturaleza de !a vista adjudicativa

De ser necesario para la adjudicación de la controversia se llevará a cabo una vista adjudicativa en que las partes tendrán la oportunidad de presentar su evidencia y argumentar sus posiciones. La vista será pública a menos que una parte someta una solicitud fundamentada por escrito para que la misma sea privada y así lo autorice el/la Oficial Examinador/a, si entiende que una vista pública puede causar daño irreparable a la parte peticionaria.

Artículo 6.38 -Notificación de vista adjudicativa

Las partes serán notificadas de la celebración de la vista adjudicativa con al menos quince (15) días de antelación a la celebración de la misma. En caso de mediar circunstancias excepcionales expuestas en la notificación, podrá notificarse en un término menor.

La notificación incluirá lo siguiente:

1. La fecha y hora de la vista, la cual se celebrará siempre en la Secretaría Auxiliar a menos que por circunstancias especiales se disponga y especifique lo contrario. Se incluirá el salón específico donde se celebrará la vista.

2. La naturaleza y propósito de la vista, expresando las disposiciones legales y reglamentarias que autorizan su celebración.

3. Se apercibirá del derecho de cada parte a presentarse representadas de abogada/o sin que ello sea una obligación, y su derecho a ser oídas, a exponer sus posiciones y a presentar su prueba.

4. Una referencia a las disposiciones legales o reglamentarias presuntamente infringidas, si se imputa una infracción a las mismas, y a los hechos constitutivos de tal infracción.

5. Se apercibirá de que, de no comparecer, se podrán imponer sanciones administrativas, incluyendo pero no limitándose a multas, anotación de rebeldía y otras.

6. Se apercibirá de que la vista sólo podrá ser suspendida mediante solicitud escrita que fundamente justa causa, presentada con no menos de cinco (5) días antes del señalamiento.

7. La notificación podrá incluir la citación de testigos y órdenes para la producción de información que el/la Oficial Examinador/a estime pertinente.

Artículo 6.39 -Citación de testigos

Las partes que interesen la citación de testigos para la vista deberán solicitar del/la Oficial Examinador/a una orden al efecto. La solicitud debe justificar su necesidad y presentarse con expresión de los nombres y direcciones o instrucciones para localizar a los testigos, con al menos diez (10) días de antelación a la vista.

Las citaciones serán diligenciadas personalmente o por correo certificado con acuse de recibo.

Ninguna persona citada como testigo estará excusada de comparecer, excepto por circunstancias extraordinarias acreditadas ante el/la Oficial Examinador/a, quien determinará sobre tal solicitud.

Artículo 6.40 -Récord de la vista

La grabación, junto con el expediente adjudicativo y todos los documentos que éste contenga, constituirá el récord del procedimiento. La Secretaría Auxiliar tomará medidas para la custodia y preservación de toda grabación. Toda vista será grabada, pero la grabación no será transcrita a menos que el Secretario así lo ordene. Cualquier parte podrá solicitar la regrabación o transcripción de la misma mediante el pago de los derechos correspondientes. En la alternativa, la parte solicitante podrá contratar un transcriptor certificado, al cual la Secretaría Auxiliar, previo el pago de derechos, dará acceso a la grabación. En tal caso, el transcriptor someterá a la Secretaría Auxiliar una transcripción autorizada ante notario, a los efectos de que la misma es fiel y exacta. La Secretaría Auxiliar mantendrá un archivo confidencial de grabaciones.

Artículo 6.41 -Procedimientos durante la vista

Sin menoscabo de cualquier orden o determinación que deba tomar el/la Oficial Examinador/a para la conducción más eficiente del proceso, las siguientes normas serán aplicables al desarrollo de la vista adjudicativa:

1. Al comienzo de la vista, el/la Oficial Examinador/a u otro/a funcionario/a autorizado/a de la Secretaría Auxiliar tomará juramento a los testigos comparecientes.

2. Se ofrecerá a todas las partes la extensión necesaria para la divulgación completa de sus posiciones y la conducción de sus interrogatorios.

3. Podrá excluirse de la vista evidencia impertinente, inmaterial, repetitiva o inadmisible por fundamentos constitucionales o legales y privilegios reconocidos por los tribunales de Puerto Rico.

4. Se seguirá el orden de presentación de evidencia que determine el/la funcionario/a que la presida.

S. Aplicarán los principios generales de evidencia y las Reglas de Evidencia se utilizarán como guía, aplicándose en la medida en que el/la Oficial Examinador/a estime necesaria para llevar a cabo los fines de la justicia.

Artículo 6.42 -Rebeldía

Si una parte debidamente citada no comparece a la conferencia con antelación a la vista, a la vista o a cualquier otra etapa durante el procedimiento adjudicativo, el/la Oficial Examinador/a podrá declararla en rebeldía y continuar el procedimiento sin su participación. Para así proceder deberá notificar por escrito a dicha parte su determinación, los fundamentos para la misma y el recurso de revisión disponible.

Artículo 6.43 -Informe del/la Oficial Examinador/a

En un término de sesenta (60) días desde que la prueba haya quedado sometida, el/la Oficial Examinador/a rendirá un informe cuya preparación y consideración cumplirá con las siguientes normas:

1. Contenido. El informe incluirá las recomendaciones de determinaciones de hechos y conclusiones de derecho. Además, se consignarán recomendaciones para la disposición final del caso, tales como imposición de sanciones y/o acciones correctivas en caso de que se haya determinado violación de ley. Dichas recomendaciones deberán expresarse detalladamente en cuanto a su extensión y alcance.

2. Consideración por la Secretaría Auxiliar. La Secretaría Auxiliar estudiará el informe de recomendaciones del/la Oficial Examinador/a y lo someterá a la Junta correspondiente, que aprobará o desaprobará el mismo. Podrá:

a. adoptar el informe en su totalidad y hacerlo formar parte integral o por referencia de su resolución final;

b. adoptar las determinaciones de hechos y emitir sus propias conclusiones de derecho en la resolución;

c. devolver el caso ante el/la Oficial Examinador/a para que proceda a hacer determinaciones de hechos y conclusiones de derecho adicionales. Una aprobación dará carácter final e institucional a la determinación;

d. rechazar totalmente el informe y emitir su determinación final, basada en las determinaciones de hechos que se deprendan del expediente y sus propias conclusiones de derecho.

3. Acceso. Como parte del expediente de la Secretaría Auxiliar, las partes tendrán acceso al informe del/la Oficial Examinador/a, después de la determinación final de la Junta correspondiente.

4. Prórroga. La Secretaría Auxiliar podrá prorrogar el término de presentación del informe por un máximo de 30 días adicionales siempre que el/la Oficial Examinador/a haga una solicitud a tales efectos al menos cinco (5) días antes de vencerse el término original de sesenta (60) días.

Artículo 6.44 -Resolución final

En un término directivo de noventa (90) días desde la celebración de la vista la Junta correspondiente emitirá su resolución final. El referido término puede ser renunciado o ampliado con el consentimiento escrito de todas las partes o por causa justificada. La determinación final deberá incluir y exponer separadamente determinaciones de hecho si éstas no se han renunciado, conclusiones de derecho que fundamenten la adjudicación y advertir a las partes de su derecho a solicitar reconsideración o acudir ante el Tribunal de Apelaciones en revisión administrativa, con expresión de los términos aplicables. No se entenderá que han comenzado a cursar dichos términos si la resolución final de la Junta no contiene dicha advertencia. La resolución deberá también indicar las partes que deben ser notificadas del recurso de reconsideración o revisión.

Artículo 6.45 -Remedios

Toda resolución final de una Junta otorgará el remedio que proceda en derecho, aun cuando la parte querellante no lo haya solicitado. Toda disposición que incluya el pago de dinero se entenderá que incluye también intereses al tipo legal vigente.

Los remedios podrán incluir, sin limitarse a, sanciones y multas administrativas, acciones correctivas, órdenes de cesar y desistir, suspensión o cancelación de la licencia o certificado, así como la fijación de una compensación por los daños ocasionados, en los casos que así proceda. Las multas se impondrán conforme a los límites establecidos por la Ley.

Artículo 6.46 -Cumplimiento y ejecución

Dentro de los treinta (30) días siguientes a la notificación de la Resolución final de la Junta, la parte querellada, de habérsele ordenado alguna acción, deberá acreditar por escrito ante la Secretaría Auxiliar el cumplimiento de la misma. De acreditarse ello a satisfacción de la Junta, ésta procederá a ordenar el cierre del expediente del caso. De no haberse acreditado el cumplimiento de las órdenes contenidas en la resolución, la Secretaría Auxiliar podrá referir al Secretario el asunto, lo cual podría dar lugar a, entre otras posibles acciones, la imposición de multas adicionales o a que la Junta acuda ante el Tribunal competente a exigir el cumplimiento de su resolución. El Secretario podrá también referir dicha conducta al Departamento de Justicia para el correspondiente procesamiento criminal.

Artículo 6.47 -Reconsideración

Las siguientes normas regirán el proceso de solicitar una reconsideración:

1. Término. Toda parte adversamente afectada por una resolución u orden podrá solicitar reconsideración de la misma dentro del término de quince (15) días desde la fecha de archivo en autos de la notificación de la resolución y orden. La Junta deberá considerar la solicitud dentro de los treinta (30) días de presentada la misma. Si la rechazare de plano o no actuare dentro de los treinta (30) días, el término para solicitar revisión comenzará a correr nuevamente desde que se notifique dicha denegatoria o desde que expiren esos treinta (30) días, según sea el caso. Si se tomare alguna determinación en su consideración, tendrá que completarse dentro de los noventa (90) días siguientes a la presentación de la solicitud de reconsideración y el término para solicitar revisión empezará a contarse desde la fecha en que se archive en autos una copia de la notificación de la Resolución resolviendo definitivamente la solicitud de reconsideración.

Si la Junta luego de acoger una solicitud de reconsideración, dejare de tomar alguna acción sobre ella dentro del término de noventa (90) días antes indicado, perderá jurisdicción sobre la misma y el término para solicitar revisión judicial empezará a contarse a partir de la expiración de dicho término de noventa (90) días salvo que la Junta, por justa causa y dentro de esos noventa (90) días, prorrogue el término para resolver por un período que no excederá de treinta (30) días adicionales.

2. Presentación oral. Una solicitud de reconsideración de una orden emitida en sala abierta durante la celebración de una vista podrá ser interpuesta oralmente.

3. Presentación durante el procedimiento. Toda solicitud de reconsideración durante el procedimiento adjudicativo deberá dirigirse al/la Oficial Examinador/a.

4. Presentación tras Resolución final. Una solicitud de reconsideración de una resolución final deberá dirigirse a la Junta, quien de estimarlo pertinente la referirá al/la Oficial Examinador/a que entendió el caso.

5. Notificación. Toda solicitud de reconsideración deberá ser notificada a las demás partes dentro del término dispuesto para su presentación.

Antes de la vencer el término para revisión judicial, la Junta podrá reconsiderar a iniciativa propia cualquier resolución que haya dictado.

Artículo 6.48 –Revisión Judicial

Una parte adversamente afectada por una resolución final de la Junta podrá solicitar revisión ante el Tribunal de Apelaciones dentro de un término de treinta (30) días contados a partir de la fecha del archivo en autos de la copia de la notificación de la resolución final o a partir de la fecha aplicable cuando el término para solicitar revisión judicial haya sido interrumpido mediante la presentación oportuna de una solicitud de reconsideración. Dentro de dicho término la parte solicitante notificará a la Junta y a todas las demás partes.

Artículo 6.49 -Efecto de una reconsideración o revisión

La presentación de un recurso de reconsideración o revisión judicial no suspenderá los efectos de la resolución de la Junta. La decisión de la Junta permanecerá en todo su vigor hasta tanto la propia Junta o un tribunal competente dispongan lo contrario.

Título IV: Procedimiento Sumaría

Artículo 6.50 -Acción correctiva inmediata

De existir una situación que implique un peligro inminente para la salud, seguridad y bienestar público o que por su propia naturaleza requiera acción inmediata por parte de la Junta, el Secretario, en consulta con la Junta correspondiente, podrá tomar medidas de emergencia, incluyendo requerir que, inmediatamente o en el término que la Junta determine, una agencia o persona corrija la actuación que se entienda está causando inminentemente daño grave o irreparable. La orden, cuya efectividad será inmediata, incluirá una concisa declaración de las determinaciones de hecho, conclusiones de derecho y las razones de política pública que justifican su decisión. Además, deberá advertir que la persona que desobedezca, impida o entorpezca voluntariamente el desempeño de las funciones de la Junta en el cumplimiento de sus deberes podrá será sancionada con multa que no excederá de cinco mil ($5,000) dólares.

Artículo 6.51-Requerimiento de información

La Junta tendrá la facultad de verificar, así como requerir, cualquier información que le permita constatar la existencia de una situación que amerite la activación del procedimiento sumario dispuesto en este Capítulo.

Artículo 6.52 -Notificación

Todo requerimiento para la corrección de una acción administrativa se hará de la manera que el Secretario considere más conveniente y estará dirigido a la persona, entidad privada o agencia, funcionario/a o empleado/a que actúe o aparente actuar negligentemente o incorrectamente, con copia a su autoridad nominadora si la actuación ocurre durante el desempeño de sus deberes. El requerimiento incluirá el término dentro del cual la acción u omisión o acto administrativo en cuestión debe ser corregido.

Articulo 6.53 -Solicitud de prórroga

Cuando la persona o agencia entienda que el acto administrativo no puede ser corregido en el término señalado, deberá solicitar prórroga por escrito dentro del término concedido. Toda solicitud de prórroga deberá estar acompañada de un memorando explicativo donde se justifique la razón o razones para solicitar la misma. No se concederá prórroga alguna si se ha solicitado fuera del término para cumplir con la acción correctiva ordenada. Tampoco se concederá en aquellos casos en que el/la solicitante no acompañe evidencia acreditativa y fehaciente de haber iniciado ya el procedimiento de corrección de las acciones u omisiones o actuación administrativa señalados o no haya notificado debidamente a la parte reclamante.

Artículo 6.54 -Audiencia posterior

Se concederá en todos los casos una audiencia adjudicativa posterior, en la cual la parte tendrá oportunidad de expresarse. Dicha audiencia deberá celebrarse ante el/la Oficial Examinador/a no más de diez (10) días después de la fecha de la orden de acción correctiva.

Artículo 6.55 -Disposición final del procedimiento sumario

Si la Junta determina que las actuaciones finales de la parte reclamada subsanan la acción u omisión o acto administrativo que dio lugar a la reclamación, cerrará el caso y notificará a las partes. De otro modo, la Junta deberá proceder prontamente a completar cualquier procedimiento que hubiese sido requerido.

Artículo 6.56 -Cumplimiento

De incumplirse con la orden de acción correctiva de la Junta, ello conllevará la imposición de una multa administrativa que se determinará según la gravedad del caso. La Secretaría Auxiliar podrá también referir dicha conducta al Departamento de Justicia para el correspondiente procesamiento criminal.

Articulo 6.57 -Controversias y estados provisionales de derecho

Cuando la naturaleza de la situación así lo requiera, la Junta podrá presentar ante el Tribunal General de Justicia la acción que proceda en derecho, la cual podrá incluir, pero sin limitarse, a la utilización de la Ley Sobre Controversias y Estados Provisionales de Derecho, 32 L.P.R.A. §§ 2871 *et seq.*, o la presentación de un recurso extraordinario de Injunction o Mandamus, según aplicable.

Título V: Normas Aplicables a todas las etapas del proceso

Artículo 6.58 -Forma

Todas las alegaciones, solicitudes, alegatos y demás escritos sometidos durante el procedimiento adjudicativo se harán en papel tamaño 8 ½," por 11, mecanografiados en tipo tamaño 12, a doble espacio excepto en el caso de citas. Todos los documentos deberán unirse con una grapa o cualquier otro mecanismo efectivo para mantener las páginas unidas entre sí, al lado izquierdo superior del documento. La Junta podrá dispensar de este requisito y permitir la presentación de algún documento en manuscrito cuando no hacerlo derrote los objetivos de política pública de la Ley. La Junta también podrá aceptar documentos por medios electrónicos.

Todas las alegaciones y escritos evitarán repeticiones, argumentos o solicitudes innecesarias o redundantes. Cuando cualquier documento exceda la extensión de diez (10) páginas, deberá incluir una tabla de contenido y un breve resumen del mismo.

Artículo 6.59 -Término para presentar oposición

Una oposición a cualquier solicitud deberá someterse dentro de los diez (10) días laborables siguientes a la misma. Dentro de los cinco (5) días siguientes a la oposición, la parte que haya sometido la solicitud original podrá someter una contestación. Ésta deberá limitarse exclusivamente a los asuntos que surjan de la oposición. No se permitirán escritos adicionales. Toda Oposición a Réplica deberá notificarse a la parte contraria el mismo día de su presentación al/la Oficial Examinador/a.

Artículo 6.60 -Prórrogas y suspensiones

Se desalentarán las suspensiones o extensiones de tiempo para someter cualquier documento o llevar a cabo cualesquier acción que deba hacerse dentro de un término específico. El/la Oficial Examinador /a tendrá, sin embargo, discreción para concederlas cuando, habiendo sido solicitadas antes de que expire el término, la parte peticionaria ha demostrado justa causa. Una solicitud de prórroga deberá notificarse a todas las partes como cualquier otro escrito.

Artículo 6.61 -Solicitud de remedios extraordinarios

Si cualquier parte entendiere indispensable solicitar un remedio extraordinario durante el procedimiento deberá presentar su solicitud en la cual acredite las razones para el remedio y demuestre que, de no concederse el mismo, sufriría un daño inminente o irreparable.

En casos en que se solicite un remedio inmediato, como la suspensión de una vista adjudicativa faltando menos de cinco (5) días para la celebración de la misma, la peticionaria deberá notificar su solicitud personalmente o por teléfono a las demás partes y así hacerlo constar en su solicitud.

Artículo 6.62 -Disposición *Ex-Parte*

En el ejercicio de su discreción, el/la Oficial Examinador/a podrá decidir *Ex-Parte* sobre la concesión de un remedio extraordinario, extensiones de tiempo y suspensiones de vista, sin esperar la presentación de oposiciones de las partes. Cualquier orden *Ex-Parte* será notificada inmediatamente a todas las partes, por teléfono o cualquier otro medio instantáneo disponible.

Artículo 6.63 -Notificación de representación legal

Todo/a abogado/a que asuma representación legal de alguna parte o interventora está obligado/a a notificarlo mediante escritos a la Junta y a todas las partes del procedimiento.

Articulo 6.64 -Notificación de escritos

Será obligación de toda parte notificar todos los escritos que presente a todas las demás partes en el procedimiento. La Junta será notificada con atención a las Investigaciones y Querellas en proceso.

Toda notificación se llevará a cabo mediante el envío de una copia del escrito por correo electrónico a las partes o sus representantes, a las direcciones que hayan informado. La notificación por correo electrónico puede ser sustituida por notificación personal o por correo regular o fax cuando así las partes lo soliciten por escrito. La Junta notificará toda orden, resolución u otra actuación oficial a todas las partes.

Artículo 6.65 -Órdenes para mostrar causa

El/la Oficial Examinador/a podrá emitir órdenes para mostrar causa. En los casos en que una parte querellada a la cual se notifique una orden para mostrar causa no responda a la misma en el término dispuesto, se entenderá su silencio como aceptación de las imputaciones notificadas en la Querella o que se atiene a la consecuencia intimada en la orden.

Artículo 6.66 -Examen de expedientes por las partes interesadas

Las partes podrán, por sí o a través de su representante legal, examinar el expediente o expedientes que se mantengan en la Junta sobre los procedimientos adjudicativos, previa autorización del Secretario.

Artículo 6.67 -Facultad para la publicación y difusión

La Junta podrá dar a la publicidad, conforme a lo establecido en la Ley, todas las decisiones y acciones tomadas en relación con los asuntos que se le consulten y los casos que se presenten en procedimientos adjudicativos ante su consideración. Para dar a la publicidad tales recomendaciones y acciones tomadas, la Junta podrá utilizar cualquier medio informativo a su elección.

Artículo 6.68 -Cómputo del término

Al computar cualquier período de tiempo contemplado en este Reglamento, no se incluirá el día del acto o suceso a partir del cual el período designado comienza a contar. Se incluirá el último día de dicho período y cualquier acción requerida deberá tomarse ese día o antes. Disponiéndose, sin embargo, que si el último día es sábado, domingo o feriado para el Estado Libre Asociado de Puerto Rico o por alguna razón ha sido necesario el cierre oficial de la Secretaría Auxiliar previo a la terminación del día laborable regular, cualquier acción requerida deberá tomarse en o antes del próximo día laborable. Como día laborable se considerará de lunes a viernes de 8:00 a.m. a 12:00 m. y de 1:00 p.m. a 4:30 p.m., salvo días feriados oficiales, sábados y domingos.

Artículo 6.69 -Corrección de errores

Los errores de forma en las resoluciones o en el expediente administrativo podrán corregirse por la Junta *motu proprio o* a solicitud de parte, en cualquier momento. Durante la tramitación de una revisión, podrán corregirse dichos errores antes de elevar el expediente al Tribunal. Las correcciones serán notificadas a las partes.

Artículo 6.70 -Sanción económica

A iniciativa propia o a instancia de parte, el/la Oficial Examinador/a tendrá discreción para imponer sanciones económicas por incumplimiento con las reglas y reglamentos o con cualquier orden, debiendo primero emitir una orden para que la parte concernida muestre causa por la cual no deba imponérsele la sanción. La orden indicará la norma u orden que se haya incumplido y concederá un término de veinte (20) días, contados a partir de su notificación, para la mostrar causa. En caso de incumplimiento con la orden de mostrar causa o de haber una determinación de que no hubo justa causa para el incumplimiento, se podrá imponer una sanción económica que no excederá de doscientos ($200.00) dólares por cada falta. Dichas sanciones podrán ser impuestas a favor de la Junta o de otra parte y podrán imponerse a la parte o a su representante legal, si a juicio del/la Oficial Examinador/a éste es responsable. Toda parte contra quien se dirija una sanción económica deberá ser notificada directamente de la misma aun cuando la misma se imponga a su representante legal.

Artículo 6.71 -Desestimación y eliminación de alegaciones

Si luego de imponer sanciones económicas y haber notificado sobre las mismas directamente a la parte, persiste el incumplimiento, el/la Oficial Examinador/a podrá ordenar la desestimación de querella o bien eliminar las alegaciones en el caso del querellado.

Artículo 6.72 -Costas y honorarios de abogados/as

El/la Oficial Examinadora tendrá discreción para imponer a la parte perdidosa honorarios de abogados/as y costas. En el caso de las costas, las mismas pueden incluir el pago total o parcial de los gastos incurridos por la Junta en servicios prestados por entidades ajenas a la Junta durante la investigación y el proceso adjudicativo, dietas y millaje incurridas por los miembros de la Junta conforme a las guías del Departamento de Hacienda, y todos los costos incurridos por la Junta en hacer cumplir sus órdenes y resoluciones.

Capítulo 7 -Disposiciones sobre Medidas Disciplinarias y Sanciones

Artículo 7.1 -Facultad

La Juntas podrán investigar, y referir a fiscalía en el Departamento de Justicia del Estado Libre Asociado de Puerto Rico, toda Querella o denuncia sobre las conductas y violaciones constitutivas de delito grave y menos grave tipificadas en un Código Penal, o en las leyes orgánicas correspondientes, relacionadas a la práctica de las diversas profesiones adscritas al Departamento de Estado de Puerto Rico. En este mismo tipo de caso y en todo otro de violación a las disposiciones de este Reglamento o de las leyes y reglamentos que administran las Juntas, cualquier Junta podrá, discrecionalmente y al amparo de lo provisto en la Sección 7.1 de la Ley 170 del 12 de agosto de 1988, según enmendada, proceder a su adjudicación por la vía administrativa, y/o imponer penas de multas, denegación, suspensión, revocación o cancelación de licencias o certificados profesionales según el procedimiento fijado anteriormente en este Reglamento.

Toda violación a las leyes que rigen las diversas Juntas o a los reglamentos emitidos por el Secretario de Estado, u otro reglamento aplicable, al amparo de las mismas, podrán ser penalizadas por las Juntas con multas Administrativas que no excederán de cinco mil dólares ($5,000.00), por cada violación.

Artículo 7.2 -Conductas prohibidas

A continuación se enumeran las conductas constitutivas de violación grave a este Reglamento y/o a las respectivas leyes habilitadoras de las Juntas:

1. Ejercer, presentarse o anunciarse como profesional licenciado sin poseer una licencia expedida por la Juntas.

2. Ejercer como profesional con la licencia vencida, inactivada, suspendida, cancelada o revocada.

3. Proveer información falsa a la Junta, con el propósito de obtener o renovar una licencia o certificado de forma fraudulenta o mediante el robo de identidad o credenciales.

4. Emplear, ayudar, permitir, o inducir a una persona a hacer representaciones falsas, o a ejercer como profesional licenciado, a una persona que no posea la licencia correspondiente expedida por la Junta correspondiente.

5. Dar a la Junta información fraudulenta, falsa, o incorrecta, mientras se declara bajo juramento durante un proceso investigativo de la Junta.

6. Exhibir o permitir que se exhiba su licencia en un establecimiento en donde no presta habitualmente sus servicios profesionales.

7. Usar su licencia para certificar trabajos que no hayan sido realizados por el profesional o bajo su supervisión directa.

8. Obstruir o impedir, ejerciendo fuerza o intimidación, que se realicen las funciones y actividades de la Juntas o de una agencia reglamentaria.

9. Ser convicto por el uso de narcóticos o exceso de alcohol.

10. Ser convicto de delito grave o de cualquier otro delito menos grave que conlleve depravación moral.

11. En casos en los cuales su conducta profesional, sus actuaciones o condiciones físicas o mentales constituyan un peligro para la salud pública.

12. Demostrar negligencia o conducta profesional impropia cuando actúa como preceptor a tenor de las leyes y los reglamentos de las Juntas.

13. Violar los requisitos legales o reglamentarios en el ejercicio de su profesión.

14. Ser convicto de otras violaciones de ley lo cual comprometan su capacidad para ejercer como profesional adscrito.

Artículo 7.3 -Multas y Sanciones Administrativas

1. La Juntas podrán imponer multas administrativas a toda persona que incurra en infracción a cualquier disposición de este Reglamento. Cada día que subsista la misma infracción, se considerará como una infracción por separado.

2. La imposición de multa administrativa se aplicará mientras dicha infracción no haya sido sometida por las Juntas al Departamento de Justicia para que el infractor sea procesado criminalmente de acuerdo con la ley.

3. La negativa del infractor al pago de la multa administrativa será causa para que se adopte cualquier otro remedio concedido u otras Leyes aplicables, para sancionar la infracción cometida y para que se suspenda cualquier licencia, certificado o autorización emitida.

4. La cuantía de las multas administrativas a ser aplicadas por la Juntas serán las siguientes:

a. Por violación menos grave

i. Primera infracción $250.00

ii. Reincidencia $500.00

iii. Cada reincidencia adicional (mínimo) $1,000.00 (Hasta un máximo de $3,000.00)

b. Por violación grave

i. Primera infracción $2,500.00

i. Reincidencia $3,500.00

ii. Cada reincidencia adicional $5,000.00

El monto de las multas podrán modificarse mediante orden administrativa o carta circular.

5. Además de las multas administrativas, las Juntas podrán determinar suspender temporalmente o revocar permanentemente una licencia del profesional.

6. Cualquier penalidad o sanción administrativa impuesta por la Junta por violaciones o faltas a la ley que gobiernan la práctica de las profesiones, a

este Reglamento o a otros reglamentos aplicables del Departamento de Estado permanecerán en el expediente del profesional por un periodo no menor a siete (7) años y formarán parte del reporte de "good standing".

Articulo 7.4 -Obstrucción a Funciones de la Junta

Toda persona que obstruya o impida, ejerciendo fuerza o intimidación, que se realicen las funciones y actividades de las Juntas, o las disposiciones de este Reglamento, podrá ser referida al Departamento de Justicia para su debido procesamiento criminal.

Artículo 7.5 -Órdenes de Cesa y Desista

La Juntas en consulta con la Oficina de Asuntos Legales del Departamento y en casos específicos podrán emitir órdenes de cese y desista de conductas violatorias a disposiciones de este Reglamento, y requerir el auxilio del Tribunal de Primera Instancia para que ordene el cumplimiento de las mismas.

Artículo 7.6 -Procedimientos Investigativos y de Adjudicación

Todo procedimiento investigativo o de adjudicación por las Juntas que surja en virtud de las disposiciones de este Reglamento, así como la imposición y monto de multas administrativas que se impongan por infracciones a las mismas, y la revisión judicial de las decisiones finales del Secretario de Estado, se regirán por lo establecido en la Ley Núm. 170 de 12 de agosto de 1988, según enmendada, conocida como "Ley de Procedimiento Administrativo Uniforme del Estado Libre Asociado de Puerto Rico" y las disposiciones reglamentarias aplicables a los procedimientos administrativos de la Secretaría Auxiliar de Juntas Examinadoras adscritas al Departamento de Estado.

Artículo 7.7 -Notificación por parte de agencias reglamentarias sobre Violaciones a Ley o Reglamento.

Las agencias administrativas que empleen profesionales regidas por las Juntas Examinadoras adscritas al Departamento de Estado podrán referir a las Juntas los nombres y datos de aquellos que hayan incurrido en violaciones a disposiciones de este Reglamento, los Reglamentos que rigen sus respectivas profesiones, Reglamentos internos de las Agencias, detectadas durante las inspecciones periódicas o rutinarias de estas agencias.

Capítulo 8 - Derechos A Pagarse

Artículo 8.1 - Derechos A Pagarse

Mediante esta sección se establecen los derechos a pagarse correspondientes a las Juntas Examinadoras adscritas al Departamento de Estado.

SERVICIOS	TOTAL
ACTORES	
Licencias (Permanentes)	$100.00
Renovación	N/A
AGRONOMOS	
Licencias	$50.00
Renovación	$25.00
ARQUITECTOS Y PAISAJISTAS ARQUITECTOS	
LICENCIAS	
Profesional	$175.00
Entrenamiento	$125.00
Reciprocidad	$175.00
Retirados	$125.00
Retirados Entrenamiento	$125.00
RENOVACIONES	
Profesional	$175.00
Entrenamiento	$125.00
Reciprocidad	$175.00

SERVICIOS	*TOTAL*
PENALIDADES POR RENOVACIONES TARDIAS DE ARQUITECTOS Y ARQUITECTOS PAISAJISTAS. PROFESIONAL (ADDED AS PART OF RENEWAL FEE)	
De 1 a 2 meses	$50.00
De 2 a 3 meses	$60.00
De 3 a 4 meses	$75.00
De 4 a 5 meses	$90.00
De 5 a 6 meses	$110.00
De 6 a 7 meses	$130.00
De 7 a 8 meses	$150.00
De 8a 9 meses	$170.00
De 9 a 10 meses	$190.00
De 10 a 11 meses	$210.00

De 11 a 12 meses	$230.00
Añadir por año	$250.00

BARBEROS
LICENCIAS

Estilista en Barbería	$25.00
Barbero	$25.00
Aprendiz	$30.00

RENOVACIONES

Barbero*	$25.00

SERVICIOS	*TOTAL*
Aprendiz	N/A
Estilista en Barbería	$25.00

Penalidad: $10.00 por año contacto después de 3 años de expiración de licencia sin renovar

DELINEANTES

Licencia (Permanente)	$60.00
Renovación	N/A

DECORADORES DE INTERIORES

Licencia	$50.00
Renovación	$70.00

ESPECIALISTA EN BELLEZA
LICENCIA

Especialista	$50.00
Licencia Temporera	$30.00
Reciprocidad	$100.00

RENOVACIONES

Licencia Temporera	N/A

GEÓLOGO
LICENCIA

Entrenamiento	$150.00
Temporera	$150.00
Profesional	$180.00
Reciprocidad	$150.00

SERVICIOS	*TOTAL*

RENOVACIONES Y REACTIVACIONES

Entrenamiento	$180.00
Temporera	$150.00
Profesional	$180.00

Reciprocidad	$150.00
INGENIEROS Y INGENIEROS AGRIMENSORES	
LICENCIA	
Entrenamiento	$100.00
Profesional	$150.00
Reciprocidad	$150.00
Asociado	$70.00
Retirado	$50.00
Inactivación	N/A
RENOVACIÓN	
Entrenamiento	$100.00
Profesional	$180.00
Asociados	$70.00
MULTA POR RENOVACIÓN TARDIA DE INGENIEROS Y INGENIEROS AGRIMENSORES	
PROFESIONAL (AÑADIR APARTE DEL COSTO DE LA RENOVACIÓN)	
Menos de 90 días	$25.00

SERVICIOS	*TOTAL*
Más de 90 días	$50.00
Término Completo	$200.00
OPERADORES PLANTA DE TRATAMIENTO DE AGUAS USADAS Y AGUA POTABLE	
Licencia	$50.00
Renovación	$50.00
ELECTRICISTAS	
LICENCIAS	
Profesional	$60.00
Ayudante	$30.00
Aprendiz	$30.00
RENOVACIÓN	
Profesional (Permanente)	N/A
Ayudante	$30.00
Aprendiz	$30.00
PLANIFICADORES PROFESIONALES	
Licencia	$100.00
Renovación y Reactivación	$90.00
Entrenamiento	$75.00
Renovación Entrenamiento	$50.00

SERVICIOS	TOTAL
PLOMEROS	
LICENCIAS	
Aprendiz	$30.00
Ayudante	$40.00
Maestro	$60.00
RENOVACIÓN	
Aprendiz	$25.00
Ayudante	$35.00
Maestro	$50.00
QUÍMICOS	
Licencia	$60.00
Renovación	$60.00
TÉCNICOS Y MECÁNICOS AUTOMOTRICES	
LICENCIAS	
Técnicos	$60.00
Mecánicos	$40.00
RENOVACIÓN	
Técnicos	$50.00
Mecánicos	$30.00
TÉCNICOS ELECTRÓNICA	
LICENCIA	
Profesional	$50.00
Temporera	$60.00
RENOVACIÓN	
Profesional	$75.00
Temporera	$60.00
TÉCNICOS EN REFRIGERACIÓN Y AIRE ACONDICIONADO	
LICENCIA	
Técnico	$65.00
Aprendiz	$30.00
RENOVACIÓN	
Técnicos	$65.00
Aprendiz	$30.00
TRABAJADORES SOCIALES	
LICENCIA	
Permanente y Experiencia	$100.00
Temporera	$60.00

RENOVACIÓN	
Temporera	$75.00
CORREDORES Y VENDEDORES DE BIENES RAICES	
LICENCIA	
Corredores	$200.00
Vendedores	$200.00

SERVICIOS	*TOTAL*
Escuelas	$400.00
Instructores	$50.00
Compañías	$500.00
RENOVACIÓN	
Corredores	$200.00
Vendedores	$200.00
Escuelas	$400.00
Instructores	$50.00
Compañías	$500.00
RELACIONISTAS PÚBLICOS	
LICENCIA	
Licencia	$100.00
Renovación	$130.00
EVALUADORES	
LICENCIA	
Licencia EPA	$150.00
Licencia Temporera	$150.00
Certificación Federal General	$310.00
Certificación Federal Residencial	$310.00
RENOVACIÓN	
SERVICIOS	**TOTAL**
Licencia EPA	$180.00
Licencia Temporera	$150.00
Certificación Federal General	$260.00
Certificación Federal Residencial	$260.00
CPA	
LICENCIA	
Licencia Inicial	$145.00
Reciprocidad	$250.00
Transferencia de Notas	$250.00
Firmas	$250.00
RENOVACIÓN	

Renovación Individuo $180.00 y Radicación Tardía $275.00	
Renovación de Firmas $185.00 y Radicación Tardía $275.00	
Licencias y/o Certificaciones de Notas $25.00	

Tarifas para Exámenes
TEORÍA:

JUNTA	TARIFA
ARQUITECTOS	$210.00
BARBEROS	$100.00
CONTABIDAD	$210.00 más tarifa de examen: (AUD $192.03, BEC $172.00, FAR $192.03, y REG $172.51)
QUÍMICO	$100.00
ESPECIALISTA EN BELLEZA	$100.00
DELINEANTES	$100.00
PERITOS ELECTRICISTAS	$100.00
ELECTRONIC TECHNICIANS	$100.00
INGENIEROS - Fes*	$270.00
INGENIEROS - PEs*	$405.00
INGENIEROS - Str. *	$895.00
AGRIMENSOR - FS*	$330.00
AGRIMENSOR - PS*	$385.00
GEÓLOGOS FUNDAMENTAL*	$325.00
GEÓLOGOS PROFESIONAL*	$375.00
DISEÑADOR - DECORADOR DE INTERIORES	$100.00
ARQUITECTOS PAISAJISTAS*	$401.00
PLOMEROS	$100.00
PLANIFICADORES PROFESIONALES	$100.00
TÉCNICOS DE REFRIGERACIÓN	$100.00
OPERADORES SISTEMAS DE TRATAMIENTO DE AGUAS	$100.00

PRÁCTICA:

JUNTA	TARIFA
BARBEROS	$60.00
ESPECIALISTA EN BELLEZA	$60.00
DELINEANTE	$60.00

PERITO DE ELECTRICISTA	$60.00
DISEÑADOR - DECORADOR DE INTERIORES	$60.00
PLOMEROS	$60.00
TÉCNICOS DE REFRIGERACIÓN	$60.00
OPERADORES SISTEMAS DE TRATAMIENTO DE AGUAS	$60.00

1. Tarjetas de Certificación de Licencias

Se ofrecerán opcionalmente, sujeto a la disponibilidad de equipo para esos fines en el Departamento de Estado, por el costo que se establezca mediante orden administrativa o carta circular. Para técnicos y mecánicos automotrices, el costo será de $5.00, a tenor con la Ley Núm. 220 de 1996.

2. Revisión de la corrección de cada examen

El costo por la revisión de la corrección del examen será la mitad del costo del examen establecido en el inciso A. de este Artículo. En el caso de las Juntas cuyos exámenes son ofrecidos por Concilios, éstos determinarán el costo de revisión.

3. Costos relacionados a la Educación Continua de las Juntas

Todos los costos relacionados a la educación continua de las Juntas Examinadoras serán reglamentadas por éstas mediante la aprobación de su reglamento interno, o publicación de Orden Administrativa o Carta Circular y/o en conjunto con cualquier comité que éstas creen para estos fines.

Artículo 8.2 -Disposiciones adicionales sobre costos

1. Los costos dispuestos en el Artículo 8.1 no incluyen los costos facturados por las entidades contratadas por el Departamento, o que en el futuro pueda contratar el Departamento, para asistirle en el ofrecimiento de los servicios de las Juntas Examinadoras. Dichos costos adicionales podrán ser sufragados en su totalidad por el aspirante o profesional licenciado o técnico licenciado, según sea el caso.

2. El Secretario de Estado o el funcionario en quien éste delegue, podrá autorizar aumentos o disminuciones de los costos dispuestos en el Artículo 8.1, sin necesidad de enmendar este Reglamento, mediante Orden Administrativa o Carta Circular. Los costos que pagará el aspirante pueden aumentar o disminuir según varíen los costos administrativos incurridos por el Departamento en cumplimiento con lo dispuesto en las leyes orgánicas de cada una de las Juntas Examinadoras. Cabe la posibilidad de que los

costos dispuestos también puedan variar para algunas Juntas Examinadoras, por disposición de agencias o instrumentalidades del Gobierno Federal.

3. Cuando el Departamento contrate con una entidad para asistirle en el ofrecimiento de servicios, tales como exámenes, emisión de licencias o renovaciones, el aspirante o profesional licenciado o técnico licenciado pagará los derechos correspondientes a la entidad. No obstante lo anterior, el Secretario de Estado podría requerir que ciertos pagos se hagan directamente al Departamento de Estado mediante comprobantes de pago emitidos por el Departamento de Hacienda, o mediante cualquier otro método de pago que éste determine por Orden Administrativa o Carta Circular.

4. Además del costo de los servicios descritos en el Artículo 8.1, el Secretario de Estado o su representante autorizado podrá cobrar una cantidad adicional por transacción para gastos por automatización de servicios, la publicación en la red de Internet de un registro de profesionales licenciados o certificados por las Juntas Examinadoras y cualquier otro gasto relacionado con el funcionamiento de las Juntas Examinadoras que el Secretario determine.

5. En casos que, como requisito para la emisión, renovación o vigencia de una licencia, certificación o documento análogo por el Departamento se requiera el pago de una cuota individual anual, el Departamento cobrará al profesional o técnico la totalidad de dicha cuota y remitirá la misma a la entidad correspondiente.

6. En caso que un candidato solicite un servicio o gestión especial para la toma de un examen fuera de Puerto Rico, éste pagará la totalidad del costo del servicio solicitado.

Capítulo 9 - Disposiciones Generales Sobre Ética En Las Juntas

Artículo 9.1 - Cánones de Ética de los Miembros de las Juntas

Los miembros de la Junta tendrán como obligación cumplir con los siguientes cánones, los que en adelante se conocerán como los "Cánones de Ética de los miembros de las Juntas Examinadoras adscritas al Departamento de Estado".

1. Canon 1 - Fiel cumplimiento de la Ley y los Reglamentos

Todo miembro de las Juntas cumplirá fielmente y hará todo lo que esté a su alcance para que la Junta cumpla fielmente con las leyes del Estado Libre Asociado de Puerto Rico, incluyendo su ley habilitadora; los reglamentos promulgados a su amparo y el propio Código de Ética e su profesión. Todo miembro será responsable de mantener su licencia profesional al día en todo momento y de cumplir con todos los requisitos establecidos para la renovación y/o recertificación de la misma.

2. Canon 2 - Cumplimiento del Deber

Todo miembro de las Juntas ejercerá los deberes y funciones de su cargo bajo un marco de buena fe, honradez, integridad, diligencia y competencia.

3. Canon 3 - Deber de Confidencialidad

Salvo cuando otra cosa dispongan las Juntas, o cuando se requiera por Ley, ningún miembro de las Juntas compartirá, copiará, reproducirá, transmitirá, divulgará o de cualquier otra manera revelará o hará que se revele información confidencial de la Junta. Todo miembro de las Juntas guardará estricta confidencialidad en cuanto al contenido de las reuniones y demás deliberaciones y comunicaciones de la Junta.

4. Canon 4 - Ejercicio de autoridad frente a terceros

Todo miembro de las Juntas ejercerá su autoridad y funciones debidamente ante oficiales, funcionarios, empleados, contratistas y suplidores de las Juntas, así como ante los miembros de las diversas profesiones y el público en general. Sin renunciar al cumplimiento del deber, atenderá y hará todo lo posible para que la Junta atienda las necesidades de los profesionales licenciados y del público en general de una manera responsable, respetuosa y profesional.

5. Canon 5 - Deber de cuidado

Todo miembro de las Juntas utilizará la propiedad y recursos de las Juntas, así como la información adquirida en el ejercicio de sus funciones, únicamente para fines oficiales de las Juntas y para el correcto desempeño de sus funciones como miembros. Harán todo lo que esté a su alcance para garantizar la seguridad de los recursos de las Juntas y no permitirán el uso o apropiación de recursos de las Juntas por parte de personas no autorizadas.

6. Canon 6 - Deber Profesional

Todo miembro de las Juntas hará todo lo posible para participar periódicamente en actividades de desarrollo profesional y ejercerá sus funciones, diligente y profesionalmente, en cumplimiento de su deber y de las directrices de las Juntas.

7. Canon 7 - Deber Continuo

Al cesar en sus funciones, todo miembro de las Juntas deberá devolver inmediatamente todo material de referencia, documento o expediente, electrónico o impreso, así como toda propiedad que esté en su poder y que pertenezca a las Juntas. Dicha entrega no eximirá al miembro cesante de su deber continuo de confidencialidad con respecto a la información adquirida en el ejercicio de sus funciones.

8. Canon 8 - Deber de informar

Todo miembro de las Juntas vendrá obligado a notificar a las Juntas cualquier comisión de violación ética o de Ley, por parte de un compañero miembro de la Junta o de cualquier oficial, funcionario, empleado, contratista y/o suplidor de las Juntas, así como de cualquier otra persona. Vendrá obligado también a notificar a las Juntas cualquier asunto donde hubiere conflicto de interés y/o apariencia de conflicto de interés.

9. Canon 9 - Interferencia indebida

Ningún miembro de las Juntas convencerá o intentará convencer a ningún empleado de las Juntas para que abandone su puesto o para que obtenga un empleo en algún otro lugar. Ningún miembro de las Juntas convencerá o intentará convencer a un empleado, contratista, suplidor, o a cualquier otra persona que tenga o potencialmente tenga una relación contractual con las Juntas, para que cese, desista o disminuya su relación contractual con las Juntas; o para que de cualquier otra manera se afecten los intereses de las Juntas o los beneficios que ésta derive o pueda derivar de dicha relación.

10. Canon 10 - Conflictos de Interés

Todo miembro de las Juntas deberá actuar siempre en beneficio del mejor interés de las Juntas y no en consideración a su propio beneficio o el de terceros. Cuando un miembro de las Juntas identifique un potencial conflicto de interés deberá informarlo e inmediatamente solicitar que se le excluya de cualquier discusión, deliberación o determinación de las Juntas que esté relacionada con dicho conflicto o potencial conflicto. Específicamente los miembros de las juntas deberán cumplir con las siguientes guías:

a. Todo miembro de las Juntas evitará colocar o dar la apariencia de colocar su interés personal o el de terceros por encima de los intereses de la Juntas.

b. Ningún miembro de las Juntas utilizará su posición o los recursos, propiedad o personal de las Juntas para su propio beneficio o el de terceros ajenos a las Juntas. Ningún miembro hará representaciones a terceros de que sus facultades dentro de las Juntas se extienden más allá de lo que le faculta la Ley y los Reglamentos.

c. Ningún miembro de las Juntas formará parte de cualquier actividad, lucrativa o no, que afecte directamente o indirectamente los intereses de las Juntas.

d. Ningún miembro de las Juntas incurrirá o permitirá que se incurra en conducta constitutiva de hostigamiento contra otros miembros de las Juntas o sus empleados, contratistas, suplidores, o el público en general, dentro de las instalaciones de las Juntas o en alguna de sus actividades.

e. Ningún miembro de las Juntas solicitará o aceptará directa o indirectamente, regalos, comisiones, honorarios, o cualquier otro tipo de beneficio, en efectivo o en especial, de parte de cualquier persona o entidad, a cambio de que ésta última reciba un tratamiento especial por parte de la Junta o alguno de sus miembros.

f. Ningún miembro proveerá servicios o bienes a las Juntas a cambio de remuneración, con excepción de la remuneración que pueda establecerse por concepto de asistencia a reuniones de las Juntas (dietas) o que la provisión de bienes o servicios haya sido autorizada expresamente por las Juntas en pleno y cumpla con los requisitos de la Ley y los Reglamentos.

Artículo 9.2 -Cumplimiento de los Cánones

Será deber ministerial de todos los miembros de las Juntas Examinadoras adscritas al Departamento el fiel cumplimiento de estos Cánones en adición de cualesquiera otros reglamentos, cánones o disposiciones internas que regulen cada profesión.

Artículo 9.3 -Aplicación de los Cánones

Los cánones aplicarán a todos los miembros activos y en propiedad de las Juntas Examinadoras adscritas al Departamento que hayan sido nombrados por el Gobernador con el consejo y consentimiento del Senado de Puerto Rico.

Artículo 9.4 -Violación a los Cánones

Cualquier miembro que viole los referidos cánones estará sujeto a las disposiciones del Capítulo 7 de este reglamento. Además, se expone a la separación del cargo. El Gobernador, por iniciativa propia o por petición de las Juntas cuando estas identifiquen una falta, podrán referir al Gobernador dicha situación, quien podrá separar del cargo a cualquier miembro de las Juntas por negligencia en el desempeño de sus funciones como miembro de las mismas, por negligencia en el ejercicio de su profesión u ocupación, por haber sido convicto de delito grave, o de delito menos grave que implique depravación moral o cuando se le haya suspendido, cancelado o revocado su licencia.

Capítulo 10 - Otras Disposiciones

Articulo 10.1 -Procedimientos, Acciones o Reclamaciones

Todo procedimiento, acción o reclamación ante las Juntas Examinadoras, el Secretario de Estado o el Tribunal General de Justicia iniciada con anterioridad a la fecha de vigencia de este Reglamento se continuará tramitando hasta que recaiga una determinación final sobre dichos trámites, conforme con la Ley y las disposiciones reglamentarias vigentes al momento de su inicio.

Artículo 10.2 -Vigencia

Este Reglamento entrará en vigor 30 días luego y una vez se radique ante el Departamento de Estado de Puerto Rico, al cumplirse los trámites correspondientes de conformidad con lo dispuesto en la Ley Número 170 de 12 de agosto de 1988, según enmendada, conocida como Ley de Procedimiento Administrativo Uniforme del Estado Libre Asociado de Puerto Rico.

Artículo 10.3 -Cláusula Derogatoria

Con la aprobación del Reglamento Uniforme de las Juntas Examinadoras adscritas al Departamento de Estado de Puerto Rico (RUJEDEPR) quedarán derogados los siguientes reglamentos: el Reglamento Núm. 3771 del 7 de febrero de 1989 conocido como "Reglamento de Procedimiento Adjudicativo Uniforme para las Vistas Administrativas de Juntas Examinadoras que se celebren en el Departamento de Estado", Reglamento Núm. 4156 del 1 de marzo de 1990 conocido como "Reglamento de procedimiento uniforme para la concesión de Licencias, Renovación de Licencias y Acciones similares de las Juntas Examinadoras adscritas al Departamento de Estado", Reglamento Núm. 4660 del 6 de marzo de 1992 conocido como "Reglamento de derechos a pagar por servicios de las Juntas Examinadoras adscritas al Departamento de Estado según enmendado por los Reglamentos Núm. 5423 del 8 de mayo de 1996, 7644 del 2 de diciembre de 2008, 7875 del 29 de junio de 2010 y 8215 del 11 de junio de 2012, "Reglamento Núm. 6463 del 22 de mayo de 2002 conocido como "Reglamento para la evaluación de solicitudes de acomodo razonable para los exámenes de reválida de las Juntas Examinadoras adscritas al Departamento de Estado, Reglamento Núm. 6711 del 27 de octubre de 2003 conocido como "Reglamento para uniformar los procesos de administración de exámenes de reválida de las Juntas Examinadoras adscritas al Departamento de Estado", Reglamento Núm. 7963 del 22 de diciembre de 2010 conocido como "Reglamento General de Educación Continua de las Juntas Examinadoras adscritas al Departamento de Estado", algunas de las cláusulas en otros reglamentos del Departamento de Estado, los cuales son aplicables a las profesiones adscritas, y que estén en conflicto con este Reglamento, serán derogados al momento de aprobación de este Reglamento, o hasta que dicho reglamento sea revisado apropiadamente.

Artículo 10 -Cláusula de Salvedad

Cualquier asunto no cubierto por este reglamento será resuelto por las Juntas, en conformidad con las leyes, reglamentos, órdenes ejecutivas pertinentes y en todo aquello que no esté previsto en las mismas, se regirá por las normas de una sana administración pública y los principios de equidad y buena fe.

Artículo l0.5 -Cláusula de Separabilidad

Si cualquier palabra, inciso, sección, artículo o parte de este reglamento fuere declarado inconstitucional o nulo por un tribunal competente, tal declaración no afectará, menoscabará o invalidará las restantes disposiciones y partes de este reglamento, sino que su efecto se limitará a la palabra inciso, sección, artículo o parte específica del caso.

Articulo 10.6 -Enmiendas

Este reglamento podrá ser revisado y enmendado por iniciativa propia del Secretario de Estado, a petición de las Juntas o por recomendación de las organizaciones o individuos que representan las profesiones adscritas en Puerto Rico; cumpliendo con las disposiciones pertinentes de la Ley Número 170 de 12 de agosto de 1988, según enmendada. Disponiéndose que en estos casos será necesaria la celebración de vistas públicas y la aprobación de las enmiendas por el Secretario de Estado para que las mismas entren en vigor. En caso de ser necesaria una enmienda a este reglamento de forma rápida, ya sea para el mejoramiento de las práctica de algunas de las profesiones, los procesos administrativos en Puerto Rico o para la protección del pueblo puertorriqueño en general, dicha enmienda deberá ser apoyada mediante resolución por todos los miembros de la Juntas afectados por dichas enmiendas, y aprobada por el Secretario de Estado en representación del Gobernador de Puerto Rico, y puesta en vigor mediante el mecanismo establecido en la sec. 2.13 de la Ley Núm. 170 de 12 de agosto de 1988, según enmendada (Ley de Procedimiento Administrativo Uniforme-Emergencias que exigen vigencia sin previa publicación).

Artículo 10.7 -Reglamentos Internos de las juntas Examinadoras y su revisión

Las Juntas Examinadoras podrán preparar reglamentos internos para su mejor funcionamiento y operación siempre cónsonos con este Reglamento. Las Juntas además deberán revisar sus políticas internas y reglamentos por lo menos de cada cinco (S) años o cuando el interés público así lo amerite.

Artículo 10.8 -Vigencia y Aplicabilidad

Las disposiciones de este Reglamento entrarán en vigor una vez se radique ante el Departamento de Estado de Puerto Rico, de conformidad con lo dispuesto en la sección 2.13 de la Ley 170 del 12 de agosto de 1988, según enmendada conocida como Ley de Procedimiento Administrativo Uniforme del Estado Libre Asociado de Puerto Rico, la cual provee para la inmediata puesta en vigor de un reglamento cuando el interés público así lo requiera.

Aprobado hoy, 14 de septiembre de 2015

[Firma Omitida]
Hon. David E. Bernier Rivera
Secretario de Estado

Notas del Editor: La Ley 170 del 12 de agosto de 1988, según enmendada conocida como Ley de Procedimiento Administrativo Uniforme del Estado Libre Asociado de Puerto Rico, citada en muchos artículos de este reglamento, fue derogada por el art. 8.3 de la Ley Núm. 38 de 30 de junio de 2017, según enmendada conocida como la Ley de Procedimiento Administrativo Uniforme del Gobierno de Puerto Rico. Véase la Ley Núm. 38 de 2017 en sustitución de la anterior y derogada Ley Núm. 170 de 1988. Visite www.LexJuris.com (copia original gratis) o la versión actualizada en www.LexJuris.net (solo socios y suscriptores).

LexJuris de Puerto Rico
Hecho en Puerto Rico
Enero, 2025

www.ingramcontent.com/pod-product-compliance
Lightning Source LLC
Chambersburg PA
CBHW070629220526
45466CB00001B/131